# Instrumentación 4: Nivel

Alexander Espinosa

Versión 4.1 – 2011

©2011, Alexander Espinosa.

Esta es una obra derivada de Lessons in Industrial Instrumentation de Tony R. Kuphaldt, pero no está financiada, patrocinada, revisada, aprobada o apoyada de ninguna forma por Tony R. Kuphaldt.
http://www.openbookproject.net/books

A mis hijos Camilo y Sofía

# Indice

| | | |
|---|---|---|
| **1** | **Mediciones continuas de Nivel** | **1** |
| 1.1 | Mirillas de nivel . . . . . . . . . . . . . . . . . | 1 |
| | 1.1.1 Conceptos básicos de mirillas de nivel | 2 |
| | 1.1.2 Problemas de interfaces . . . . . . . | 3 |
| 1.2 | Problemas de temperatura . . . . . . . . . . . | 5 |
| 1.3 | Flotadores . . . . . . . . . . . . . . . . . . . . | 5 |
| 1.4 | Presión hidrostática . . . . . . . . . . . . . . | 9 |
| | 1.4.1 Presión de una columna de fluido . . . | 9 |
| 1.5 | Sistema de burbujas . . . . . . . . . . . . . . | 15 |
| | 1.5.1 Supresión o elevación de transmisor . | 20 |
| | 1.5.2 Sistema de compensación . . . . . . . | 22 |
| | 1.5.3 Expert systems de tanques . . . . . . | 30 |
| | 1.5.4 Mediciones de nivel con interface hidrostática . . . . . . . . . . . . . . . | 33 |
| 1.6 | Desplazamiento . . . . . . . . . . . . . . . . . | 41 |
| | 1.6.1 Instrumentos de fuerza de flotación . . | 42 |
| | 1.6.2 Tubos de torsión *torque tube* . . . . . | 46 |
| | 1.6.3 Mediciones de desplazamiento de interface . . . . . . . . . . . . . . . . . | 51 |
| 1.7 | Eco . . . . . . . . . . . . . . . . . . . . . . . . | 55 |
| | 1.7.1 Mediciones ultrasónicas de nivel . . . | 58 |
| | 1.7.2 Mediciones de nivel usando radar . . . | 63 |
| | 1.7.3 Mediciones de nivel con Láser . . . . . | 77 |
| | 1.7.4 Mediciones magnetostrictivas de nivel | 77 |
| 1.8 | Peso . . . . . . . . . . . . . . . . . . . . . . . | 81 |
| 1.9 | Instrumentos capacitivos de nivel . . . . . . . | 84 |

1.10 Radiación . . . . . . . . . . . . . . . . . . . . 87

# Figuras

| | | |
|---|---|---|
| 1.1 | Mirilla de nivel . . . . . . . . . . . . . . . . . . | 2 |
| | (a) Ejemplo . . . . . . . . . . . . . . . . . . . | 2 |
| | (b) Esquema . . . . . . . . . . . . . . . . . | 2 |
| 1.2 | Problemas de interface . . . . . . . . . . . . . | 3 |
| | (a) Combinación de líquidos y su efecto en la mirilla de nivel . . . . . . . . . . . . . | 3 |
| | (b) Error en la determinación del nivel usando una mirilla debido a la presencia de un líquido menos denso combinado con el líquido de proceso . . . . . . . . . | 3 |
| 1.3 | Diferentes condiciones de error de medición de nivel en el caso de combinación de líquidos . . | 4 |
| 1.4 | Una posible solución a los problemas de medición de nivel de líquidos mezclados usando mirillas . . . . . . . . . . . . . . . . . . | 4 |
| 1.5 | Error debido a enfriamiento del líquido en la mirilla de nivel . . . . . . . . . . . . . . . . . . | 5 |
| 1.6 | Medición de nivel con flotador . . . . . . . . . | 6 |
| | (a) Medición manual de nivel . . . . . . . . | 6 |
| | (b) Flotador automatizado . . . . . . . . . | 6 |
| | (c) Flotador con rollo retráctil . . . . . . . | 6 |
| 1.7 | Medidores de flotador . . . . . . . . . . . . . . | 8 |
| | (a) Dispositivo de medición de un transmisor de nivel de líquido basado en flotador de cinta con roldana . . . . . . . . . . . . . . . . . . | 8 |

|  |  |  |  |
|---|---|---|---|
|  | (b) | Uso de las guías de cables en un medidor de flotador .................. | 8 |
|  | (c) | Medidor de nivel que usa un flotador pequeño al interior de la mirilla de nivel | 8 |
| 1.8 | | Medición indirecta del nivel de líquido a través de mediciones de presión ............. | 10 |
| 1.9 | | Transmisores de presión diferencial para inferir nivel de líquido .................. | 13 |
|  | (a) | Transmisor de Presión 1151 ....... | 13 |
|  | (b) | Transmisor hidrostático Rosemount con diafragma extendido ........... | 13 |
|  | (c) | Esquema .................. | 13 |
| 1.10 | | Principio de funcionamiento del medidor de burbujas ..................... | 16 |
| 1.11 | | Medidor de nivel basado en burbujeo ..... | 17 |
| 1.12 | | Burbujeador industrial ............. | 18 |
| 1.13 | | Transmisor de presión diferencial Rosemount 3051 ....................... | 19 |
| 1.14 | | Mediciones de presión ............. | 20 |
|  | (a) | Medición de presión de Etanol en un tanque de almacenamiento ....... | 20 |
|  | (b) | Con supresión de cero .......... | 20 |
| 1.15 | | Elevación de transmisor ............ | 22 |
| 1.16 | | Registros falsos de presión en medición de nivel con sensores de presión .............. | 23 |
| 1.17 | | Compensación en mediciones de nivel ..... | 24 |
| 1.18 | | Medición de nivel con compensación ..... | 25 |
| 1.19 | | Transmisor de presión diferencial con sellos remotos y tubos capilares rellenos textitwet leg | 26 |
| 1.20 | | Uso de la cámara de sellado o compartimento estanco *seal pot* para compensar errores en al altura de la columna líquida *wet leg* ..... | 27 |
| 1.21 | | Efecto del intercambio de puertos en la conexión de un transmisor diferencial: *Low* en lugar de *High* y viceversa ........... | 29 |
| 1.22 | | Uso de transmisor para compensar el efecto *wet leg* ..................... | 30 |

| | | |
|---|---|---|
| 1.23 | Expert system de tanque . . . . . . . . . . . . . | 31 |
| 1.24 | Tubería de rebalse . . . . . . . . . . . . . . . . | 34 |
| 1.25 | Uso de una tubería de compensación para fijar la altura total que ve un transmisor de presión | 35 |
| 1.26 | Determinación de los puntos de calibración . | 36 |
| 1.27 | Sistema para calibrar transmisores de presión diferencial que miden nivel de una interface . | 37 |
| 1.28 | La interface está en el nivel LRV . . . . . . . | 37 |
| 1.29 | Interface en el nivel URV . . . . . . . . . . . | 39 |
| 1.30 | Medidor de nivel por desplazamiento . . . . . | 42 |
| 1.31 | Transmisor neumático Fisher Level-Trol midiendo nivel de condensados en un tanque de condensados *knockout drum* de una corriente de gas . . . . . . . . . . . . . . | 43 |
| 1.32 | Instrumento desplazador de tipo Level Trol . | 43 |
| 1.33 | Calibración en todo del rango usando el desplazador . . . . . . . . . . . . . . . . . . . | 44 |
| 1.34 | Mecanismo de tubo de torsión . . . . . . . . . | 46 |
| 1.35 | Funcionamiento del tubo de torsión . . . . . . | 47 |
| | (a) Orificio ciego al interior de la varilla . . | 47 |
| | (b) Rodamiento de apoyo . . . . . . . . . . | 47 |
| 1.36 | Varilla interna . . . . . . . . . . . . . . . . . . | 48 |
| 1.37 | Tubo de torsión . . . . . . . . . . . . . . . . . | 50 |
| | (a) Tubo de torsión un transmisor de nivel Fisher "Level-Trol' . . . . . . . . . . . . | 50 |
| | (b) Extremo abierto del tubo de torsión . . | 50 |
| | (c) Extremo ciego del tubo de torsión . . . | 50 |
| | (d) Sección transversal del tubo de torsión . | 50 |
| 1.38 | Transmisor de nivel basado en desplazamiento que usa un tubo de torsión . . . . . . . . . . | 51 |
| 1.39 | Tubo de Bourdon usado como sensor en un tubo de torsión . . . . . . . . . . . . . . . . . | 52 |
| 1.40 | Esquema para determinar la expresión de la fuerza de Arquímedes en un instrumento de desplazamiento . . . . . . . . . . . . . . . . . | 53 |
| 1.41 | Esquema de un medidor nivel basado en eco ultrasónico . . . . . . . . . . . . . . . . . . . | 58 |

| | | |
|---|---|---|
| 1.42 | Partes de un instrumento ultrasónico . . . . . | 60 |
| | (a) Módulo electrónico de un instrumento ultrasónico . . . . . . . . . . . . . . . . | 60 |
| | (b) Transductor ultrasónico . . . . . . . . . | 60 |
| 1.43 | Sensor en el fondo del tanque . . . . . . . . . | 61 |
| 1.44 | Influencia del ángulo de reposo en las mediciones de nivel ultrasónica . . . . . . . . | 62 |
| | (a) Efecto del ángulo de reposo en las mediciones de nivel ultrasónica . . . . . | 62 |
| | (b) Mediciones de nivel ultrasónicas con vaciado del tanque de proceso desde el punto central . . . . . . . . . . . . . . . | 62 |
| 1.45 | Medición de nivel de líquido con radar . . . . | 64 |
| 1.46 | Foto de un radar de no contacto . . . . . . . | 64 |
| 1.47 | Mediciones de radar . . . . . . . . . . . . . . | 66 |
| | (a) Ventana dieléctrica para sensores de radar | 66 |
| | (b) Principio de funcionamiento de la medición de nivel con radar . . . . . . . | 66 |
| 1.48 | Dos casos de reflexión . . . . . . . . . . . . . | 70 |
| 1.49 | Transmisor de nivel Rosemount Modelo 3301 | 74 |
| | (a) Configuración . . . . . . . . . . . . . . . | 74 |
| | (b) Cambio de la ubicación del pulso fiducial para mediciones de nivel de agua mayor | 74 |
| 1.50 | Ajuste de la zona de transición en un sensor de radar Rosemount 3301 . . . . . . . . . . . | 76 |
| 1.51 | Dispositivo magnetostrictivo . . . . . . . . . . | 79 |
| | (a) Foto . . . . . . . . . . . . . . . . . . . . | 79 |
| | (b) Esquema . . . . . . . . . . . . . . . . . . | 79 |
| 1.52 | Medición de nivel magnetostrictiva con dos flotadores . . . . . . . . . . . . . . . . . . . . | 80 |
| 1.53 | Céldas de carga . . . . . . . . . . . . . . . . . | 82 |
| | (a) Uso de celdas de carga como sensores de nivel . . . . . . . . . . . . . . . . . . . . | 82 |
| | (b) Foto de un celda de carga . . . . . . . . | 82 |
| | (c) Foto de otro tipo de celda de carga . . . | 82 |
| 1.54 | Infraestructura de medición de peso . . . . . | 83 |
| 1.55 | Mediciones capacitivas de nivel . . . . . . . . | 86 |

    (a)   Principio de funcionamiento de una sonda capacitiva . . . . . . . . . . . . . . **86**
    (b)   Principio de funcionamiento de un medidor de nivel capacitivo cuando el líquido es no conductor de electricidad . **86**
1.56 Medidor de nivel por radiación . . . . . . . . **89**

# Prólogo

El estudiante de instrumentación industrial debe conseguir una comprensión de muchos aspectos de la ciencia y la técnica que se utilizan para la obtención de bienes de consumo a través de métodos industriales de proceso. En las industrias de proceso coexisten antiguas y nuevas tecnologías, por lo que el desafío es aún mayor para los jóvenes que intentan obtener el dominio necesario de la instrumentación industrial.

+Alexander Espinosa

# Capítulo 1

# Mediciones continuas de Nivel

Muchos procesos industriales requieren mediciones precisas *accurate* de fluidos o sólidos (polvo, gránulos, etc). Algunos recipientes de proceso contienen una combinación estratificada de fluidos separados en forma natural en diferentes capas debido a las diferentes densidades del líquido de cada capa, en este caso es interesante considerar la altura del punto de interface entre las capas de líquido.

Para medir los niveles de sustancias en un tanque se emplean diferentes principios de funcionamiento explotando diferentes principios físicos.

## 1.1 Mirillas de nivel

Los instrumentos más simples para medir el nivel de un líquido en un tanque son las mirillas de nivel. Son usadas junto con otros instrumentos para permitir el monitoreo directo del nivel de líquido por parte de un operario cuando se duda de la precisión de otro instrumento.

### 1.1.1 Conceptos básicos de mirillas de nivel

Estos instrumentos son equivalentes a los manómetros: usan un principio muy simple y efectivo para la indicación visual del nivel del proceso. En su forma más simple, una mirilla de nivel, o galga de nivel, no es nada más que un tubo translúcido a través del cual se puede observar el líquido del proceso. La siguiente foto (Fig. 1.1a) muestra un ejemplo de mirilla de nivel.

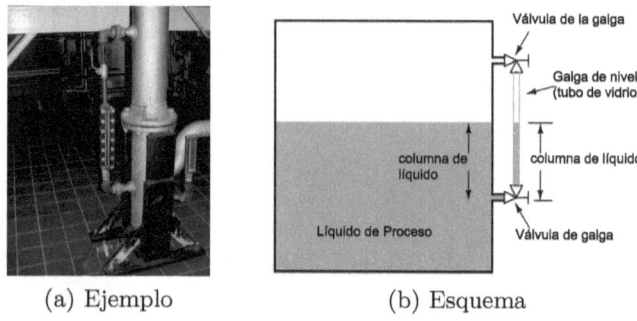

(a) Ejemplo  (b) Esquema

Figura 1.1: Mirilla de nivel

Un diagrama funcional de una mirilla de nivel muestra cómo se representa visualmente el nivel de líquido dentro de un tanque de almacenamiento (Fig. 1.1b).

Una mirilla de nivel no es diferente de un tubo en U, con igual presión aplicada en ambas columnas de líquido (una columna está en la mirilla de nivel y la otra es la columna de líquido en el tanque).

Las válvulas de galga se usan para permitir el reemplazo de los tubos de vidrio sin tener que vaciar o despresurizar el tanque de proceso. Estas válvulas están equipadas con dispositivos limitadores de caudal para que en caso de rotura del tubo, no se escape mucho líquido aún cuando la válvula esté completamente abierta.

Algunas mirillas de nivel son llamadas galgas reflectantes *reflex gauges* y están equipadas con dispositivos ópticos para facilitar la observación clara de los líquidos, lo que es

## 1.1. MIRILLAS DE NIVEL

problemático en los tubos de vidrio simples.

### 1.1.2 Problemas de interfaces

Aunque parezcan simples y libres de errores, las mirillas de nivel pueden dar indicaciones incorrectas. Una de estos casos ocurre cuando hay una capa de líquido más ligero entre dos puertos de conexión de la galga. Cuando hay un líquido menos denso encima de otro en un tanque de proceso, la mirilla de nivel puede que no muestre correctamente la interface (Fig. 1.2a).

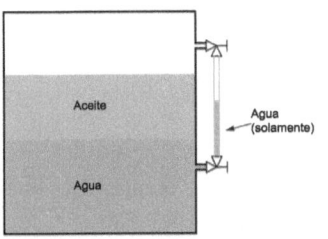

(a) Combinación de líquidos y su efecto en la mirilla de nivel

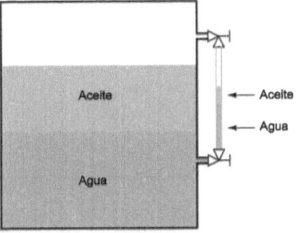

(b) Error en la determinación del nivel usando una mirilla debido a la presencia de un líquido menos denso combinado con el líquido de proceso

Figura 1.2: Problemas de interface

Aquí vemos una columna de agua en la mirilla de nivel mostrando menos nivel que la combinación de aceite y agua en el interior del tanque de proceso (Fig. 1.2b).

Aunque entre alguna cantidad de aceite a la mirilla de nivel, no se eliminará el error, como se ilustra a continuación (Fig. 1.3).

La única forma de asegurar la indicación correcta de la interface es mantener ambas boquillas *nozzles* sumergidas (Fig. 1.4).

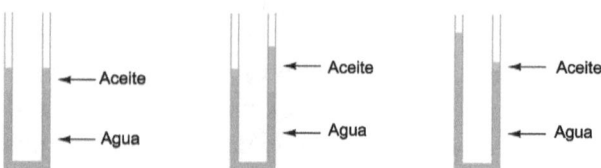

Figura 1.3: Diferentes condiciones de error de medición de nivel en el caso de combinación de líquidos

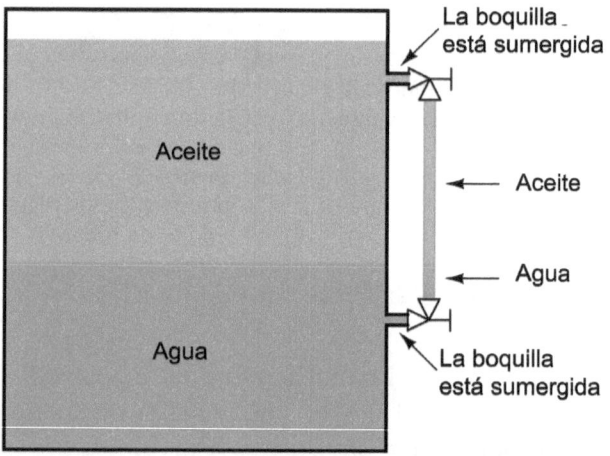

Figura 1.4: Una posible solución a los problemas de medición de nivel de líquidos mezclados usando mirillas

## 1.2 Problemas de temperatura

Otro escenario complicado ocurre cuando la temperatura dentro del tanque sea sustancialmente mayor que la del líquido en la galga, haciendo que las densidades sean diferentes. Esto se observa comúnmente en mirillas de nivel de hervidores *boiler*, donde el agua dentro de la galga extensométrica se enfría sustancialmente con respecto a la temperatura que tenía en el tambor de vapor *boiler drum* (Fig. 1.5).

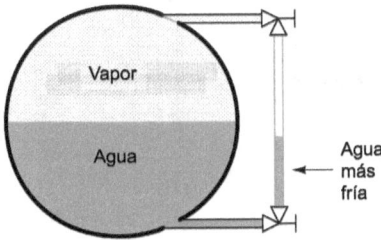

Figura 1.5: Error debido a enfriamiento del líquido en la mirilla de nivel

## 1.3 Flotadores

Quizás la forma más simple que puede tener una medición de nivel de líquido o sólido es con un flotador: un dispositivo que se apoya en la superficie del fluido o sólido que está en el tanque de almacenamiento *storage vessel*. El flotador en sí mismo debe tener mucha menor densidad que la sustancia de interés y no debe corroerse o reaccionar de alguna forma con la sustancia. Los flotadores pueden ser usados para funcionamiento manual, como se ilustra en (Fig. 1.6a).

Un operario hace bajar un flotador en un tanque usando una cinta de medición hasta que la cinta se detenga al topar con el flotador. La distancias medidas son:

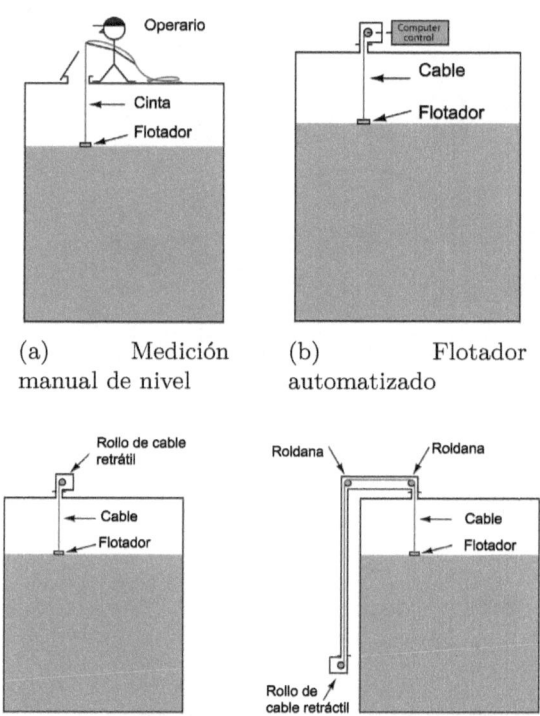

(a) Medición manual de nivel  (b) Flotador automatizado

(c) Flotador con rollo retráctil

Figura 1.6: Medición de nivel con flotador

## 1.3. FLOTADORES

1. *Ullage* siendo la distancia entre la parte superior del tanque y la superficie del material de proceso.

2. *Fillage* es el resultado de restarle a la altura del tanque la medición de *Ullage*

Este método es tedioso, puede ser riesgoso y si el tanque estuviese presurizado no se podría hacer.

Una versión automatizada se puede emplear en tanques presurizados (Fig. 1.6b).

Una versión más simple de esta técnica usa un rollo con cable retráctil para mantener constantemente tensión en el cable que sustenta al flotador mientras este se mantiene en la superficie del líquido en el tanque (Fig. 1.6c).

En la foto siguiente se muestra el dispositivo de medición *measurement head* de un transmisor de nivel de líquido basado en conjunto de flotador de cinta con rollo retráctil. Se observa un tubo que guía a la cinta hacia arriba del tanque, donde se debe devolver en 180° con auxilio de roldanas para volver a entrar al tanque (Fig. 1.7a).

La posición angular del rollo puede ser medida con un potenciómetro de varias vueltas o con un codificador de rotación *rotatory encoder* (dentro del dispositivo *measurement head*), entonces se convierte en un señal electrónica para transmisión hacia una pantalla remota, o hacia un sistema de control y registro. Tal sistema es usado extensivamente para la medición de agua y combustible en tanques de almacenamiento.

Si el líquido dentro del tanque estuviese en régimen de turbulencia se necesitarían guías de *guide wires* para mantener el cable verticalmente (Fig. 1.7b).

Las guías de cables *guide wires* se anclan al piso y techo del tanque pasando a través de anillos en el flotador para evitar la deriva lateral.

Una de las desventajas potenciales del sistema de cinta y flotador es la acumulación de materia en la cinta y en las guías de cables *guide wires* si la sustancia estuviese sucia o pegajosa.

 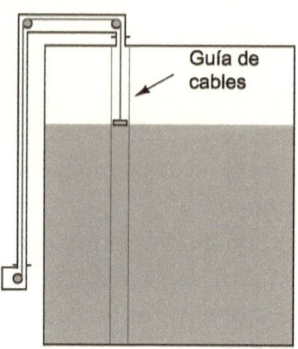

(a) Dispositivo de medición de un transmisor de nivel de líquido basado en flotador de cinta con roldana

(b) Uso de las guías de cables en un medidor de flotador

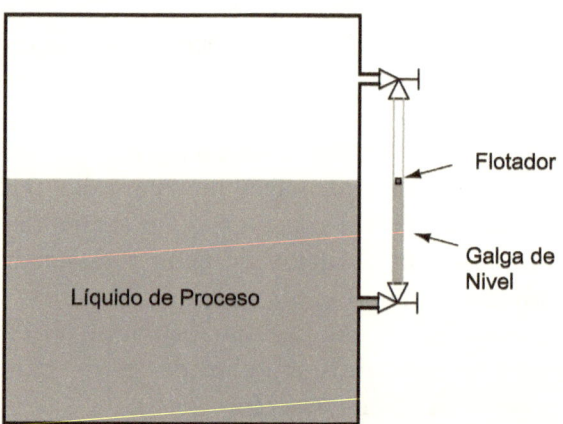

(c) Medidor de nivel que usa un flotador pequeño al interior de la mirilla de nivel

Figura 1.7: Medidores de flotador

## 1.4. PRESIÓN HIDROSTÁTICA

Una variación del tema de medición de nivel con flotador consiste en colocar un flotador pequeño dentro del tubo de una mirilla de nivel (Fig. 1.7c).

La posición del flotador dentro del tubo puede ser rápidamente detectada por sensores de ondas ultrasónicas, sensores magnéticos u otro medio adecuado. Cuando se introduce el flotador en un tubo, deja de ser necesario usar guías de cables o de sistemas sofisticados de retracción o tensado de cinta. En caso de que no se necesite la visualización directa, la mirilla de nivel puede ser construida de metal en vez de vidrio, reduciendo de esta forma el riesgo de rotura.

Otra variación al tema de medición de nivel con flotador es el uso del principio llamado magnetostricción para detectar la posición del flotador a lo largo de una guía cilíndrica de metal llamada guía de onda *waveguide*.

## 1.4 Presión hidrostática

Una columna vertical de fluido genera un presión en el fondo de la columna debido a la acción de la gravedad en ese fluido. Mientras mayor sea la altura vertical del fluido, mayor será la presión, siempre que el resto de las otras variables permanezcan igual. Este principio nos permite inferir el nivel de líquido en un tanque mediante mediciones de presión.

### 1.4.1 Presión de una columna de fluido

Una columna de fluido ejerce una presión debido al peso de la columna. La relación entre la altura de la columna y la presión del fluido en el fondo de la columna es constante para cualquier fluido en particular sin importar el ancho o la forma del tanque.

Este principio hace posible inferir la altura del líquido midiendo la presión en el fondo (Fig. 1.8).

La relación matemática entre la columna de líquido y la presión es la siguiente:

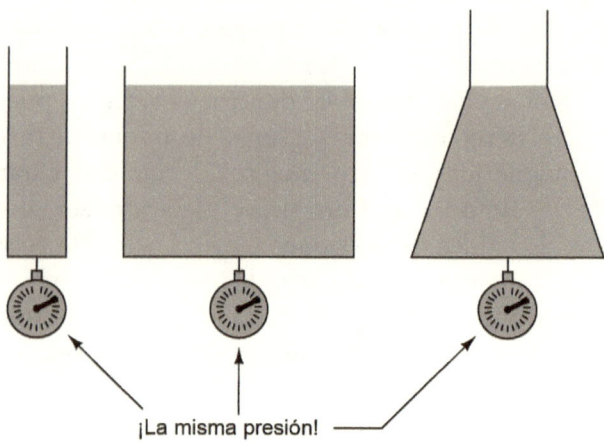

Figura 1.8: Medición indirecta del nivel de líquido a través de mediciones de presión

$$P = \rho g h \qquad\qquad P = \gamma h$$

Donde, $P$ =Presión hidrostática

$\rho$ = Densidad de masa de fluido en kilogramos por metro cúbico

$g$ = Aceleración de la Gravedad

$\gamma$ = Densidad de peso de un fluido en Newtons por metro cúbico

$h$ = Altura de una columna vertical de fluido encima del punto de medición de presión

Por ejemplo, la presión generada por una columna de 12 ft teniendo una densidad de peso ($\gamma$) de 40 libras *pounds* por pie *ft* cúbico es de:

$$P = \gamma h$$

$$P_{aceite} = \left(\frac{12 \text{ ft}}{1}\right)\left(\frac{40 \text{ lb}}{\text{ft}^3}\right)$$

## 1.4. PRESIÓN HIDROSTÁTICA

$$P_{aceite} = \frac{480 \text{ lb}}{\text{ft}^2}$$

Note la cancelación de unidades, resultando en un valor de presión de 480 libras por pié cuadrado (PSF). Para convertir esto en la unidad de presión más común de libras por pulgada cuadrada (PSI), debemos multiplicar por la proporción de pié cuadrado a pulgada cuadrada, eliminando la unidad de pie cuadrado por cancelación y dejando pulgadas cuadradas en el denominador:

$$P_{aceite} = \left(\frac{480 \text{ lb}}{\text{ft}^2}\right)\left(\frac{1^2 \text{ ft}^2}{12^2 \text{ in}^2}\right)$$

$$P_{aceite} = \left(\frac{480 \text{ lb}}{\text{ft}^2}\right)\left(\frac{1 \text{ ft}^2}{144 \text{ in}^2}\right)$$

$$P_{aceite} = \frac{3.\overline{33} \text{ lb}}{\text{in}^2} = 3.\overline{33} \text{ PSI}$$

Así, la galga de presión en el fondo del tanque que soporta 12 ft de columna de este aceite indicará $3.\overline{33}$ PSI. Es posible personalizar la escala de la galga para que se pueda leer directamente en ft de aceite (altura) en lugar de PSI, para mejor conveniencia del operador, quien debe chequear periódicamente la galga. Como la relación entre la altura del aceite es a la vez lineal y directa, la indicación de la galga siempre será proporcional a su altura.

Un método alternativo para calcular presiones generadas por una columna de líquido es relacionarla a la presión generada por una columna equivalente de agua, resultando en una presión en exceso en unidades de columna de agua (Ejemplo, pulgadas de W.C. Water Column) la que puede ser convertida en PSI u otra unidad deseada.

Para la columna de 12 ft de aceite, podríamos comenzar calculando la gravedad específica *specific gravity* (Ejemplo, qué tan denso es el aceite comparado con el agua). Con una densidad dada de 40 libras por pie cúbico, el cálculo de gravedad específica es la siguiente:

$$\text{gravedad específica de aceite} = \frac{\gamma_{aceite}}{\gamma_{water}}$$

$$\text{gravedad específica de aceite} = \frac{40 \text{ lb/ft}^3}{62.4 \text{ lb/ft}^3}$$

$$\text{gravedad específica de aceite} = 0.641$$

La presión hidrostática generada por una columna de agua de 12 ft de alto, será una columna de 144"W.C.. Como estamos trabajando con un aceite que tiene una gravedad específica de 0.641 en lugar de agua, la presión generada por 12 ft de columna de aceite será solamente 0.641 veces (64.1%) la de la columna de 12 ft de agua, o:

$$P_{aceite} = (P_{agua})(\text{Gravedad Específica})$$

$$P_{aceite} = (144 \text{ "W.C.})(0.641)$$

$$P_{aceite} = 92.3 \text{ "W.C.}$$

Podemos convertir este valor de presión en unidades de PSI simplemente dividiendo por 27.68, puesto que sabemos que 27.68 pulgadas de agua son equivalentes a 1 PSI:

$$P_{aceite} = \left(\frac{92.3 \text{ "W.C.}}{1}\right)\left(\frac{1 \text{ PSI}}{27.68 \text{ "W.C.}}\right)$$

$$P_{aceite} = 3.33 \text{ PSI}$$

Como se puede ver, se ha llegado al mismo resultado que cuando se usó $P = \gamma h$. Cualquier diferencia de valor entre los dos métodos se debe a la imprecisión de los factores de conversión empleados (Ejemplo, 27.68 "W.C., 62.4 lb/ft$^3$ densidad del agua).

Cualquier tipo de instrumento de medición de presión puede ser usado como transmisor de nivel de líquido por medio de este principio. En la siguiente foto se muestra

## 1.4. PRESIÓN HIDROSTÁTICA

el transmisor de presión modelo 1151 de Rosemount siendo usado para medir la altura de agua coloreada dentro de un tubo plástico claro (Fig. 1.9a).

(a) Transmisor de Presión 1151

(b) Transmisor hidrostático Rosemount con diafragma extendido

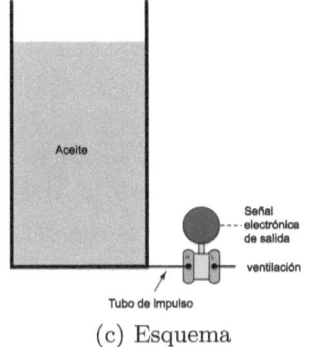
(c) Esquema

Figura 1.9: Transmisores de presión diferencial para inferir nivel de líquido

El factor más crítico de una medición de nivel de líquido utilizando presión hidrostática es la densidad del líquido. Se debe conocer en forma precisa la densidad del líquido para poder medir el nivel de ese líquido utilizando la presión hidrostática, ya que la densidad forma parte de la relación altura-presión ($P = \rho g h$ y $P = \gamma h$). Además la densidad debe estar relativamente constante, a pesar de cualquier otro cambio en el proceso. Si la densidad de líquido variase en forma aleatoria, también lo hará el nivel basado en presión.

Excepcionalmente los cambios en la densidad del líquido

no serían perjudiciales si el tanque tuviese una sección transversal constante en toda su altura. Imagine un tanque parcialmente lleno de líquido con un transmisor de presión conectado al fondo para medir la presión hidrostática. Si la temperatura del líquido en el tanque subiese por alguna razón, hará que el volumen ocupado por el líquido se incremente, lo que refleja el hecho de que los átomos del líquido se han separado más y por tanto la densidad ha disminuido debido a la entrega de energía calorífica que corresponde a un calentamiento. Asumiendo que no se agregue o extraiga líquido, cualquier incremento en el nivel de líquido se deberá exclusivamente a la expansión de volumen (disminución de la densidad). El nivel de líquido en el tanque subirá pero el transmisor sensará exactamente la misma presión hidrostática que antes del calentamiento porque no se ha cambiado la cantidad de átomos, por lo tanto no hay cambio en la masa total del líquido. El aumento en altura se compensará con la disminución de la densidad. En la fórmula anterior, si $h$ se incrementase por el mismo factor que disminuye $\gamma$, entonces $P = \gamma h$ no debiera cambiar.

Los transmisores de presión diferencial son los dispositivos más comunes para sensar presión que se usan para inferir el nivel de líquido en un tanque. En el caso hipotético anterior se podría conectar al tanque el puerto marcado como *high* del transmisor y la parte *low* se ventilaría hacia la atmósfera (Fig. 1.9c).

Conectado de esta forma, el transmisor de presión diferencial funcionará como un transmisor de galga de presión que responde a la presión hidrostática en exceso sobre la presión ambiente. Mientras que el nivel de líquido suba, la presión hidrostática aplicada en el puerto *High* se incrementará, haciendo que la señal de salida del transmisor se eleve.

Algunos instrumentos de presión están construidos específicamente para mediciones hidrostáticas de nivel de líquidos en tanques, no usan capilares sino que un tipo especial de diafragma que se extiende ligeramente hacia

## 1.5. SISTEMA DE BURBUJAS

Tabla 1.1: Tabla de calibración para un transmisor DP acoplado directamente al fondo del tanque de proceso

| Nivel | % intervalo | Presión hidrostática | Salida |
|---|---|---|---|
| 0 ft | 0 % | 0 PSI | 4 mA |
| 3 ft | 25 % | 0.833 PSI | 8 mA |
| 6 ft | 50 % | 1.67 PSI | 12 mA |
| 9 ft | 75 % | 2.50 PSI | 16 mA |
| 12 ft | 100 % | 3.33 PSI | 20 mA |

dentro del tanque a través de una entrada de capilar con brida *flange*. En la foto se muestra una transmisor de nivel hidrostático de Rosemount con un diafragma extendido (Fig. 1.9b).

La tabla de calibración para un transmisor directamente acoplado al fondo de un tanque de almacenamiento de aceite podría ser la que se muestra, suponiendo un intervalo de medición entre 0 y 12 ft para la altura del aceite, una densidad de aceite de 40 libras por pie cúbico y un intervalo de señal de salida de 4-20 mA en el transmisor (Tab. 1.1).

## 1.5 Sistema de burbujas

Una variación interesante al tema de la medición directa de presión hidrostática es el uso de un gas de purga para medir la presión hidrostática en un tanque conteniendo líquido. Este sistema elimina la necesidad del contacto directo entre el líquido de proceso y el elemento sensor de presión: el contacto directo podría representar un problema si es que el líquido de proceso fuese corrosivo.

Tales sistemas se denominan sistemas de tubo de burbujas *bubble tube* o *dip tube*, el primer nombre recuerda la forma en que el gas de purga burbujea en el fondo del tubo una vez que se sumerge en líquido de proceso. Un sistema muy simple de burbujeador *bubbler* puede ser simulado insertando cuidadosamente una bombilla (pajilla) en un vaso de agua y manteniendo un flujo continuo de burbujas saliendo de la bombilla mientras cambia la profundidad a que se encuentre el final de la bombilla en el agua (Fig. 1.10).

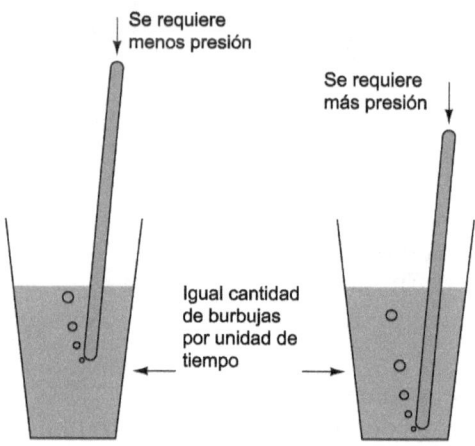

Figura 1.10: Principio de funcionamiento del medidor de burbujas

Mientras más profundo se sumerja la bombilla, más difícil le resultará a las burbujas salir. La presión hidrostática del agua en la punta de la bombilla se traduce en presión de aire en su boca mientras Ud sople, puesto que la presión de aire debe exceder la presión del agua para escapar por el extremo de la bombilla. Cuando haya relativamente pocas burbujas por segundo, la presión de aire será casi igual a la presión de agua, permitiendo mediciones de presión de agua (y por ende de profundidad del agua) en cualquier punto a lo largo del tubo de aire.

Si alargásemos la bombilla y midiésemos presión en todos los puntos a su largo, obtendríamos la misma presión en el extremo sumergido de la bombilla (asumiendo que la fricción entre las moléculas de aire y las paredes interiores de la

## 1.5. SISTEMA DE BURBUJAS

bombilla sea despreciable) (Fig. 1.11).

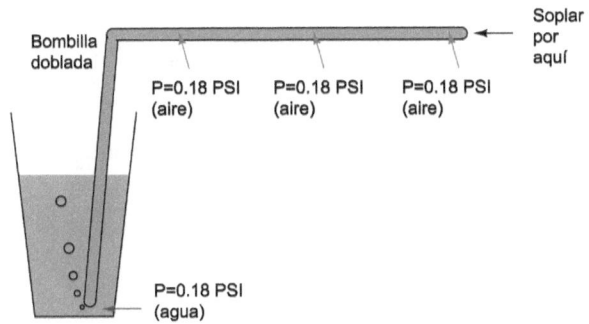

Figura 1.11: Medidor de nivel basado en burbujeo

Así es como los burbujeadores industriales trabajan: un gas de purga se introduce suavemente en un *dip tube* sumergido en el líquido de proceso, de tal forma que no más que algunas burbujas por segundo emerjan desde el extremo del tubo. La presión del gas dentro de todos los puntos del sistema de tubos será casi igual a la presión hidrostática del líquido en el extremo sumergido del tubo. Cualquier dispositivo de medición de presión colocado en cualquier punto de la extensión del sistema de tubos sensará la presión y será capaz de inferir la profundidad del líquido en el tanque de proceso sin tener que contactar directamente el líquido de proceso.

Un detalle clave en un sistema de tubos de burbuja es proporcionar los medios para limitar el flujo de gas a través del tubo, de tal forma que la presión hacia atrás refleje correctamente la presión hidrostática en el extremo del tubo sin presión adicional debida a pérdidas por fricción de flujo de purga a lo largo del tubo. Por tanto, la mayor parte de los sistemas de tubo de burbujas, se fabrican con algún tipo de monitoreo de flujo de gas de purga, típicamente con un rotámetro *rotameter* o con un burbujeador con mirilla *sightfeed bubbler* (Fig. 1.12).

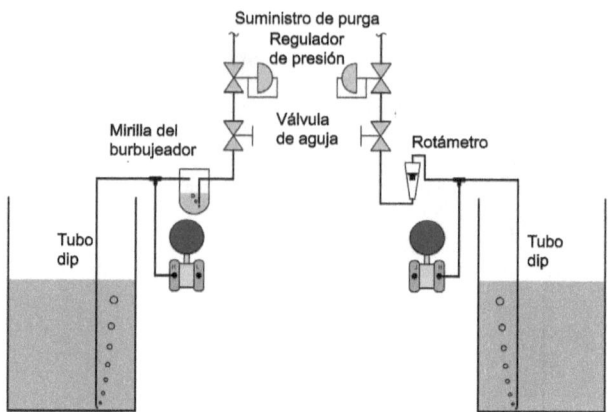

Figura 1.12: Burbujeador industrial

Si el flujo de gas de purga no fuese muy grande, la presión de gas medida en cualquier lugar del sistema de tubos aguas abajo de la válvula de aguja será igual que la presión hidrostática del líquido de proceso en el extremo del tubo, por donde se escapa el gas. En otras palabras, el gas de purga transmite la presión hidrostática hacia un punto remoto donde esté el instrumento sensor de presión.

Hay que observar los siguientes cuidados con este sistema, al igual que con cualquier otro sistema de purga:

1. El suministro de gas de purga debe ser confiable: si el flujo se detuviese por cualquier razón, la medición de nivel dejaría de ser precisa e incluso el *dip tube* podría resultar inutilizado.

2. La presión de suministro de gas de purga debe exceder siempre la presión hidrostática, sino el intervalo de medición de nivel quedaría por debajo del nivel real de líquido.

3. El flujo de gas de purga debe ser mantenido a baja velocidad para evitar errores por caída de presión

## 1.5. SISTEMA DE BURBUJAS

(Ejemplo: presión en exceso medida debido a la fricción del gas de purga a través del tubo])

4. El gas de purga no debe reaccionar con el proceso.

5. El gas de purga no debe contaminar el proceso.

6. El gas de purga debe ser de bajo costo debido a que es un consumible.

En un sistema de tubo de burbuja hay una pequeña variación de presión cada vez que una nueva burbuja sale del extremo del tubo. La cantidad de variación de presión es aproximadamente igual a la presión hidrostática del fluido de proceso a una altura igual al diámetro del tubo, el que, a su vez, es aproximadamente igual al diámetro de la burbuja. Por ejemplo: un *dip tube* de 1/4" de diámetro sufrirá oscilaciones de presión con una amplitud pico a pico de aproximadamente1/4" de elevación de altura de líquido de proceso. La frecuencia de oscilación será igual a la velocidad *rate* a la que se generan las burbujas en forma individual. Normalmente, se considera que esto es una pequeña variación cuando se considera en el contexto de la altura de líquido en un tanque. Una oscilación de presión de 1/4" aproximadamente con respecto a un intervalo de medición de 0 a 10 ft, corresponde a un 0.2% del alcance *span*. Los transmisores de presión modernos tienen la capacidad para filtrar o amortiguar *damping* variaciones de presión, lo que es una característica útil para minimizar los efectos que pueda tener tal variación de presión en el desempeño del sistema.

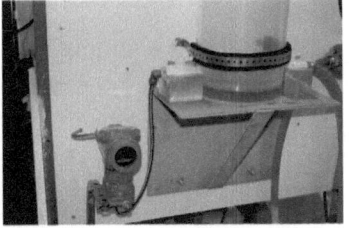

Figura 1.13: Transmisor de presión diferencial Rosemount 3051

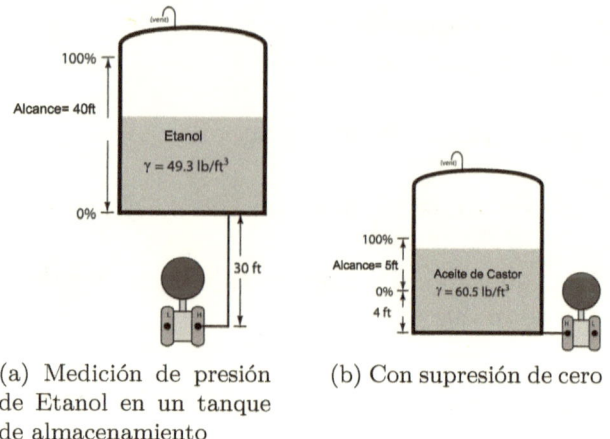

(a) Medición de presión de Etanol en un tanque de almacenamiento

(b) Con supresión de cero

Figura 1.14: Mediciones de presión

## 1.5.1 Supresión o elevación de transmisor

Un escenario muy común para las mediciones de nivel de líquido ocurre cuando el instrumento de sensado de presión no está ubicado en el mismo nivel que el punto 0% de medición. La siguiente foto muestra un ejemplo de esto, donde un transmisor de presión diferencial se usa para sensar la presión hidrostática de agua coloreada al interior de un tubo vertical de plástico (Fig. 1.13) .

Considere el ejemplo de un sensor de presión que mide el nivel de Etanol en un tanque de almacenamiento. El intervalo de medición para la altura del líquido en este tanque de almacenamiento de Etanol es de 0 a 40 ft, pero el transmisor está ubicado a 30 ft bajo el tanque (Fig. 1.14a).

Esto significa que las líneas de impulso del transmisor tienen una diferencia de 30 ft de elevación de Etanol, por lo que el transmisor ve 30 ft de Etanol cuando el tanque está vacío y 70 ft de Etanol cuando el tanque está lleno. Una tabla de calibración de 3 puntos para este instrumento sería así, asumiendo un intervalo en la señal de salida de 4 a 20mA DC (Tab. 1.2).

Otro escenario común ocurre cuando el transmisor está

## 1.5. SISTEMA DE BURBUJAS

Tabla 1.2: Tabla de calibración de 3 puntos para un sensor de presión usado para medir nivel en un tanque de almacenamiento

| Nivel Etanol | % de campo | Presión (inch agua) | Presión (PSI) | Salida (mA) |
|---|---|---|---|---|
| 0 ft | 0 % | 284 "W.C. | 10.3 PSI | 4 mA |
| 20 ft | 50 % | 474 "W.C. | 17.1 PSI | 12 mA |
| 40 ft | 100 % | 663 "W.C. | 24.0 PSI | 20 mA |

montado en o cerca del fondo del tanque, pero el intervalo de medición de nivel deseado no se extiende hasta el fondo del tanque (Fig. 1.14b).

En este ejemplo, el transmisor está montado exactamente al mismo nivel que el fondo del tanque, pero el intervalo de medición de nivel va desde 4 ft hasta 9 ft (un alcance de 5 ft). Cuando el nivel del aceite de castor esté en 0%, el transmisor verá una presión hidrostática de 1.68 PSI (46.5 pulgadas de columna de agua) y al nivel de 100% de aceite de castor el transmisor verá una presión de 3.78 PSI (105 pulgadas de columna de agua). Así, estos dos valores de presión podrían definir los valores de mayor y menor campo (LRV y URV), respectivamente.

El término que describe ambos escenarios previos, donde los valores de extremo de campo (LRV) de calibración del transmisor es un número positivo, se denomina supresión de cero. Si el desplazamiento de cero se invirtiese (cuando el transmisor se monte en un lugar más alto que el nivel 0% del proceso) se denomina elevación de cero.

Si el transmisor es elevado por encima del punto de conexión al proceso, probablemente vería una presión negativa (vacío) con un tanque vacío debiendo poner líquido en la línea que va desde el instrumento al tanque. Es muy importante que en las instalaciones de transmisores elevados se use un sellado remoto en lugar de una línea de impulso abierta para que el líquido no se desborde de la línea y caiga al tanque (Fig. 1.15).

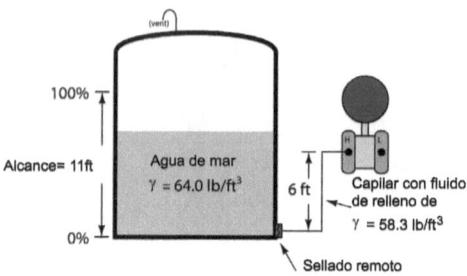

Figura 1.15: Elevación de transmisor

En este ejemplo, se ve un sistema con sello remoto que tiene un fluido de relleno con una densidad de 58.3 lb/ft$^3$ y un intervalo de medición de nivel de proceso desde 0 a 11 ft de agua de mar (densidad = 64 lb/ft$^3$). La elevación del transmisor es de 6 ft, lo cual significa que este verá un vacío de -2.43 PSI (-67.2 pulgadas de columna de agua) cuando el tanque esté completamente vacío. Esto, claro, será el valor menor de rango del transmisor calibrado (LRV). El valor máximo del rango (URV) será la presión vista con 11 ft de agua de mar en el tanque. Esta cantidad de agua de mar contribuirá con un 4.89 PSI de presión hidrostática al nivel del sello remoto de diafragma, haciendo que el transmisor experimente una presión de +2.46 PSI.

### 1.5.2 Sistema de compensación

La relación simple y directa entre la altura del líquido en un tanque y la presión en el fondo del tanque puede ser arruinada por otra fuente de presión que pueda existir en el tanque que no sea la presión hidrostática *elevation head*. Este puede ocurrir en un tanque no ventilado. Cualquier presión acumulada de vapor o gas en un tanque cerrado agregará

## 1.5. SISTEMA DE BURBUJAS

presión hidrostática en el fondo, haciendo que cualquier instrumento que sense la presión realice registros falsos con un nivel mayor (Fig. 1.16).

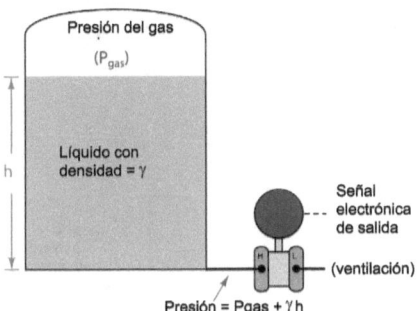

Figura 1.16: Registros falsos de presión en medición de nivel con sensores de presión

Un transmisor de presión no tiene como saber qué cantidad de la presión sensada se debe a la elevación de líquido y cuánta se debe a la presión existente de vapor que está encima del líquido. A menos que se pueda encontrar una forma de compensar cualquier presión no hidrostática en el tanque, esta presión extra podría ser interpretada por el transmisor como un nivel adicional de líquido.

Adicionalmente, este error cambiará a medida que la presión de gas al interior del tanque cambie, por lo que no puede haber una forma de resolverlo por calibración haciendo un ajuste de la deriva de cero. La única forma de medir hidrostáticamente niveles de líquido al interior de un tanque no ventilado es compensar continuamente la presión de gas. Afortunadamente, las capacidades de los transmisores de presión diferencial permiten hacer esto en forma simple. Todo lo que se necesita es conectar una segunda línea de impulso (llamada *compensating leg*), desde el puerto bajo (L) del transmisor hacia el lado superior del tanque de tal forma que el lado bajo (L) del transmisor solamente sienta la presión de gas encerrada en el tanque, mientras que el lado alto (H) sienta la suma de la presión de gas y la presión hidrostática. Debido a que el transmisor de presión diferencial solamente responde a diferencias de presión entre los puertos alto (H) y bajo (L), este haría la substracción natural de la presión de gas $P_{gas}$ para obtener una medición que se basa solamente en la presión hidrostática $\gamma h$ (Fig. 1.17).

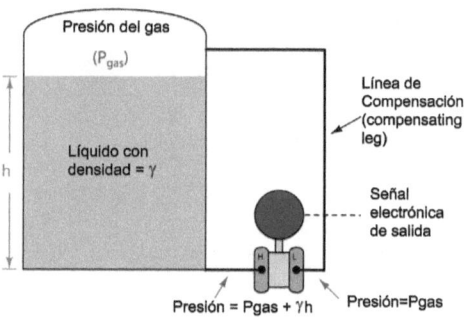

Figura 1.17: Compensación en mediciones de nivel

$$(P_{gas} + \gamma h) - P_{gas} = \gamma h$$

La cantidad de presión de gas al interior del tanque ahora es completamente irrelevante para la indicación del transmisor, porque su efecto se cancela por la presión diferencial en el elemento sensor del instrumento. Si la presión de gas dentro el tanque se incrementase mientras el nivel de líquido se mantuviese constante, la presión sensada por los dos puertos del transmisor de presión diferencial se incrementaría exactamente en la misma cantidad, con la diferencia entre los puertos High y Low permaneciendo absolutamente constante y señalizando un nivel de líquido constante. Esto significa que la señal de salida del instrumento es una representación de presión hidrostática

## 1.5. SISTEMA DE BURBUJAS

solamente, la que presenta la altura del líquido $\gamma$ (asumiendo que se conoce la densidad del líquido).

Desafortunadamente, es común que los tanques no ventilados tengan vapores condensables, lo que, con el tiempo hace que se llenen de líquido las tuberías de compensación. Si la tubería que conecta el lado *Low* de un transmisor de presión diferencial se llenara completamente de líquido, esto agregaría presión hidrostática a ese lado del transmisor, lo que causaría otro desplazamiento de calibración. Esta condición *wet leg* hace que las mediciones de nivel sean más complicadas que en la condición de *dry leg* cuando solamente la única presión sensada por el lado *Low* del transmisor corresponde a presión de gas ($P_{gas}$) (Fig. 1.18).

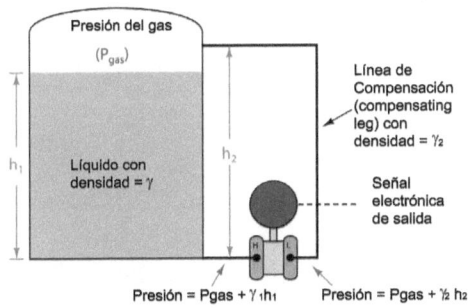

Figura 1.18: Medición de nivel con compensación

$$(P_{gas} + \gamma_1 h_1) - (P_{gas} + \gamma_2 h_2) = \gamma_1 h_1 - \gamma_2 h_2$$

La presión de gas aún se cancelaría debido a la naturaleza diferencial del transmisor de presión, pero entonces la salida del transmisor indicaría una diferencia de presión hidrostática entre el tanque y el *wet leg*, en lugar de indicar únicamente la presión hidrostática correspondiente al nivel de líquido del tanque. Afortunadamente, la presión hidrostática generada por el *wet leg* será constante mientras que la densidad de los vapores condensados que llenan la tubería de condensación sea constante ($\gamma_2$). La presión hidrostática de la tubería de condensación se puede compensar en el transmisor usando calibración con un corrimiento intencional del cero, de tal forma que muestre indicaciones como si se estuviese midiendo la presión hidrostática de un tanque ventilado.

$$\text{Presión diferencial} = \gamma_1 h_1 - \text{Constante}$$

Se debe asegurar la densidad constante del líquido en el *wet leg* rellenando intencionalmente esta tubería con un líquido que sea más denso que el vapor condensado más denso en el tanque. Se podría usar un transmisor de presión diferencial con sellos remotos y tubos capilares rellenos con líquidos de densidad conocida (Fig. 1.19).

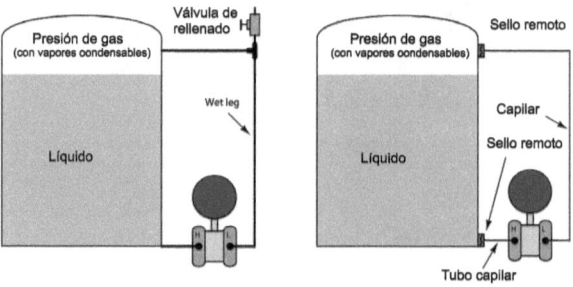

Figura 1.19: Transmisor de presión diferencial con sellos remotos y tubos capilares rellenos textitwet leg

Un accesorio comúnmente utilizado en los sistemas con capilares *wet leg* no sellados es un *seal pot*. Es una cámara en la parte superior de la unión entre la línea *wet leg* y la línea de impulso que se conecta a la parte superior del tanque. Este pote de sellado *seal pot* mantiene un poco de líquido para permitir pérdidas ocasionales durante los procedimientos de

## 1.5. SISTEMA DE BURBUJAS

mantenimiento sin que se afecte la altura de la columna líquida en el *wet leg* (Fig. 1.20).

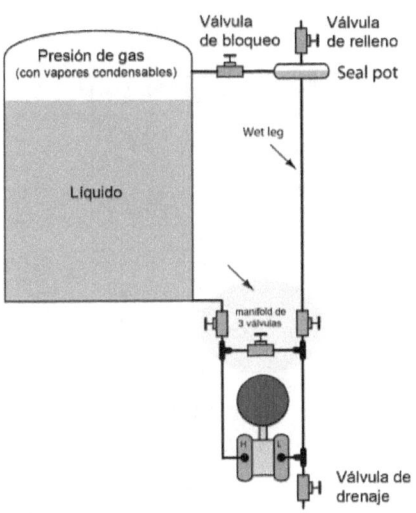

Figura 1.20: Uso de la cámara de sellado o compartimento estanco *seal pot* para compensar errores en al altura de la columna líquida *wet leg*

La operación normal del *manifold* de tres válvulas del transmisor (y de la válvula de drenaje) durante las operaciones de mantenimiento de rutina de los instrumentos inevitablemente deja escapar un poco de líquido de la *wet leg*. Sin un *seal port* aún una pequeña pérdida de líquido en la *wet leg* crearía una gran pérdida en la columna de líquido dentro del tubo, dado el pequeño diámetro del tubo. Con un *seal pot*, el volumen comparativamente grande de líquido que almacena el *seal pot* permite pérdidas sustanciales de líquido a través del *manifold* del transmisor sin que se afecte sustancialmente la altura de la columna de líquido dentro de la *wet leg*.

Los *seal pots* son normales en los sistemas de medición de nivel de calderas, donde el vapor se condensa rápidamente

Tabla 1.3: Calibración de un sistema de compensación por *wet leg*

| Nivel bencina | % | Presión Dif. | Transmisor |
|---|---|---|---|
| 0 ft | 0 % | -4.77 PSI | 4 mA |
| 2.5 ft | 25 % | -4.05 PSI | 8 mA |
| 5 ft | 50 % | -3.34 PSI | 12 mA |
| 7.5 ft | 75 % | -2.63 PSI | 16 mA |
| 10 ft | 100 % | -1.92 PSI | 20 mA |

en el tubo de impulso superior en lo que es una *wet leg* que se forma naturalmente. Aunque el vapor se condense con el tiempo y llene la *wet leg*, cuando se pierda agua en esa tubería las mediciones de nivel tomadas durante el tiempo de rellenado estarán equivocadas. La presencia de un *seal pot* prácticamente elimina este error a medida que el vapor se condense para reponer el agua perdida por el pote, debido a que la magnitud del cambio en la altura provocada por el pote debido a su pequeña pérdida de volumen, es trivial comparada al cambio de altura de la *wet leg* que no tenga *seal pot*.

El siguiente ejemplo muestra la tabla de calibración de un sistema de medición de nivel hidrostático que posee compensación de *wet leg* para un tanque de almacenamiento de bencina, en el que se usa agua como fluido de relleno de la *wet leg*. Se asume una densidad de 41.0 lb/ft$^3$ para la bencina *gasoline* y 62.4 lb/ft$^3$ para el agua, con un rango de medición de 0 a 10 ft y 11 ft de altura de la tubería de compensación *wet leg* (Tab. 1.3).

Note que debido a la densidad superior y a la altura de la *wet leg* de agua, el transmisor siempre ve una presión negativa (presión en el lado *Low* excede la presión en el lado *High*). En algunos tipos de transmisores de presión diferencial antiguos, esto era un problema. Consecuentemente, es común ver los

## 1.5. SISTEMA DE BURBUJAS

transmisores hidrostáticos *wet leg* instalados con el puerto *Low* en el fondo de los tanques y el puerto *High* conectado a la tubería de compensación *compensating leg*. De hecho, es común ver transmisores de presión diferencial instalados de esta manera, aunque los transmisores modernos pueden tener rangos de presión negativa como de presión positiva. Es importante darse cuenta de que los transmisores de presión diferencial conectados de esta forma responderán en forma reversa con el incremento de líquido. Esto es, a medida que el líquido aumente en el tanque, la señal de salida del transmisor decrecerá en vez de incrementarse (Fig. 1.21).

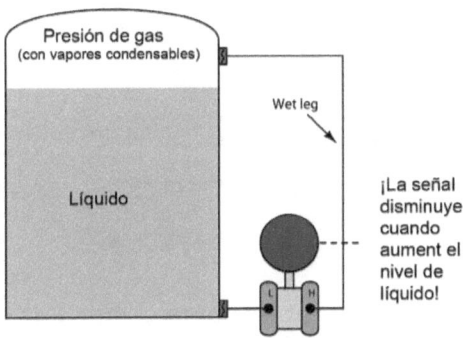

Figura 1.21: Efecto del intercambio de puertos en la conexión de un transmisor diferencial: *Low* en lugar de *High* y viceversa

Cualquier forma de conexión del transmisor al tanque sería suficiente para medir el nivel de líquido, siempre que el instrumento que reciba la señal del transmisor esté correctamente configurado para interpretarla. La elección de cómo conectar el transmisor al tanque debe ser basada en diseño de sistema seguro contra falla *fail-safe*, lo cual significa que se diseñe el sistema de medición de tal forma que las fallas más probables del sistema – incluyendo cables de señal cortados – hagan que el sistema de control perciba como más peligrosa esta condición y que tome, por lo tanto, la acción más segura.

### 1.5.3 Expert systems de tanques

En vez de usar una tubería de compensación para substraer la presión de gas en un tanque cerrado se puede usar un segundo transmisor de temperatura para substraer electrónicamente las dos presiones en un computador (Fig. 1.22).

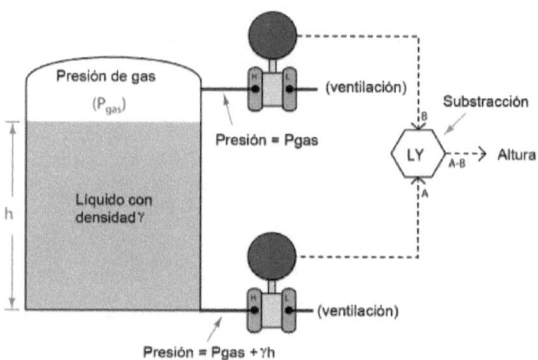

Figura 1.22: Uso de transmisor para compensar el efecto *wet leg*

Esta solución evita el problema de la tubería húmeda *wet compensating leg* pero sufre la desventaja del costo extra de un error mayor debido a la deriva de calibración de dos transmisores en lugar de solo uno. Estos sistemas no son prácticos en aplicaciones donde la presión de gas sea comparable con la presión hidrostática *elevation head*.

Cuando se agrega un tercer transmisor de presión a este sistema, ubicado a una distancia conocida ($x$) encima del fondo del transmisor, tenemos todas las piezas necesarias de lo que se denomina un sistema especialista de tanque *Expert System*. Estos sistemas se usan en tanques de almacenamiento grandes operando a un presión cercana a la atmosférica y tienen la posibilidad de medir por inferencia

## 1.5. SISTEMA DE BURBUJAS

la altura, la densidad, el volumen total y la masa total de líquido almacenada en el tanque (Fig. 1.23).

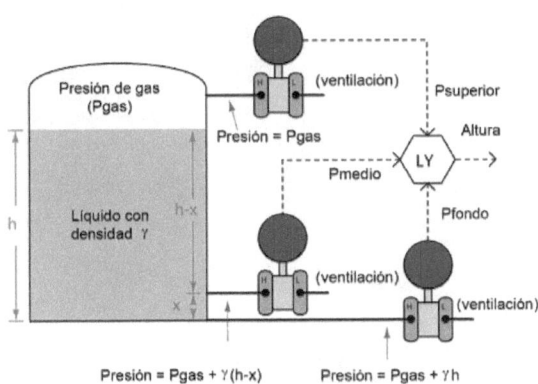

Figura 1.23: Expert system de tanque

La diferencia de presión entre los transmisores del fondo y del medio cambiarán solamente si la densidad del líquido cambiase, puesto que ambos transmisores están separados por una diferencia de altura fija y conocida.

La manipulación algebraica muestra cómo las presiones medidas pueden ser usadas por el computador de nivel (LY) para el cálculo continuo de la densidad de líquido ($\gamma$):

$$P_{fondo} - P_{medio} = (P_{gas} + \gamma h) - [P_{gas} + \gamma(h - x)]$$

$$P_{fondo} - P_{medio} = P_{gas} + \gamma h - P_{gas} - \gamma(h - x)$$

$$P_{fondo} - P_{medio} = P_{gas} + \gamma h - P_{gas} - \gamma h + \gamma x$$

$$P_{fondo} - P_{medio} = \gamma x$$

$$\frac{P_{fondo} - P_{medio}}{x} = \gamma$$

Una vez que el computador conozca el valor de $\gamma$ se puede calcular la altura del líquido en el tanque con gran precisión basándose en las mediciones de presión que se han tomado por los transmisores de fondo y superior:

$$P_{fondo} - P_{superior} = (P_{gas} + \gamma h) - P_{gas}$$

$$P_{fondo} - P_{superior} = \gamma h$$

$$\frac{P_{fondo} - P_{superior}}{\gamma} = h$$

Usando toda la potencia computacional en LT, es posible caracterizar el tanque de tal forma que se puedan obtener mediciones precisas de volumen a partir de las mediciones de altura. Primeramente, el computador calcula la densidad de masas basado en la proporcionalidad entre masa y peso (se muestra aquí, partiendo por la equivalencia entre las dos fórmulas de presión hidrostática):

$$\rho g h = \gamma h$$

$$\rho g = \gamma$$

$$\rho = \frac{\gamma}{g}$$

Armado con la densidad de masa del líquido que está dentro del tanque, el computador puede calcular ahora la masa total de líquido dentro del tanque:

$$m = \rho V$$

El análisis dimensional muestra cómo las unidades de masa y volumen se cancelan para obtener solamente unidades de masa en la última ecuación:

$$[\text{kg}] = \left[\frac{\text{kg}}{\text{m}^3}\right]\left[\text{m}^3\right]$$

Se verá como algunas mediciones pueden ser inferidas desde unas pocas mediciones de proceso (en este caso, presión). Tres mediciones de presión en teste tanque permiten calcular cuatro variables inferidas: densidad, altura, volumen y masa de líquido.

La medición precisa de líquidos en un tanque de almacenamiento no es solamente una operación de proceso, sino que también sirve para los negocios. Ya sea cuando el líquido representa una materia prima adquirida desde un proveedor o un producto procesado listo para ser bombeado a un cliente, ambas partes estarían interesadas en conocer la cantidad exacta de líquido comprado o vendido. La aplicaciones de medición como esta, son conocidas como **transferencia de custodia**, porque estas representan la transferencia de custodia (propiedad) de una sustancia intercambiada en un acuerdo de negocios. En algunas ocasiones, el comprador y el vendedor operan y mantienen sus propias estaciones de custodia, mientras que en otras ocasiones solo existe un instrumento, el que se calibra por un tercera parte neutral.

### 1.5.4 Mediciones de nivel con interface hidrostática

Los sensores de presión hidrostáticos se pueden usar para detectar el nivel de una interface líquido-líquido, si y solo si la altura total sensada por el instrumento está fija. Un instrumento sencillo de nivel basado en hidrostática no puede discernir entre un nivel de interface que cambia y el cambio total del nivel, por lo que el último debe estar fijo para después poder medir el primero.

Una forma de fijar la altura total del líquido es equipar al tanque con una tubería de desborde o de rebalse *overflow*, para asegurar que el caudal de drenaje sea siempre menor que el caudal que entra (forzando a que vaya algún fluido siempre a través de la tubería de drenaje). Esta estrategia lleva por sí misma en forma natural a la separación en aquellos procesos en los que haya una mezcla de líquidos ligeros y líquidos pesados que sean separables por sus densidades diferentes (Fig. 1.24).

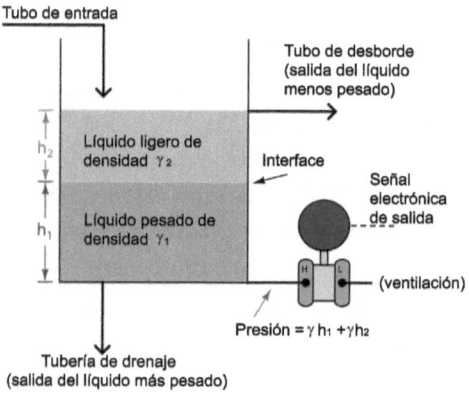

Figura 1.24: Tubería de rebalse

Se tiene una aplicación práctica de una medición de nivel de interface líquido-líquido. Si el objetivo es separar dos líquido de diferentes densidades, se necesita solamente que salga el líquido ligero por la tubería de desborde. Esto significa que debe controlarse el nivel de la interface para que esté entre los dos puntos de tubería en el tanque. Si la interface se apartase mucho, el líquido pesado sería sacado por la tubería de desborde; y si se deja que la interface baje mucho, sería el líquido ligero el que se despejaría por la tubería de drenaje. El primer paso para controlar cualquier variable de proceso es medir la variable, por lo que estamos enfrentados con la necesidad de medir el punto de interface

## 1.5. SISTEMA DE BURBUJAS

entre los dos líquidos.

Otra forma para fijar la altura total que ve el transmisor es usar una tubería de compensación ubicada en un punto del tanque que esté siempre más abajo que la altura total del líquido. En este ejemplo, se usa un transmisor con sello remoto (Fig. 1.25).

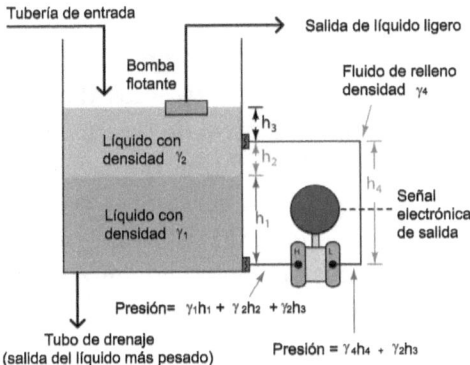

Figura 1.25: Uso de una tubería de compensación para fijar la altura total que ve un transmisor de presión

Debido a que ambos lados del transmisor de presión diferencial ven la presión hidrostática generada por la columna de líquido por encima del punto de conexión superior ($\gamma_2 h_3$), este término se cancela en forma natural:

$$(\gamma_1 h_1 + \gamma_2 h_2 + \gamma_2 h_3) - (\gamma_4 h_4 + \gamma_2 h_3)$$

$$\gamma_1 h_1 + \gamma_2 h_2 + \gamma_2 h_3 - \gamma_4 h_4 - \gamma_2 h_3$$

$$\gamma_1 h_1 + \gamma_2 h_2 - \gamma_4 h_4$$

La presión hidrostática de la tubería de compensación es constante ($\gamma_4 h_4 =$ Constante), puesto que el fluido de relleno nunca cambia la densidad y la altura nunca cambia. Esto significa que la presión sensada por el transmisor será la misma que la que señalaría un transmisor no compensado, salvo por una constante, la cual puede ser considerada durante los ajustes de calibración para que no impacte en las mediciones.

$$\gamma_1 h_1 + \gamma_2 h_2 - \text{Constante}$$

Al principio puede parecer imposible determinar los puntos de calibración (valores extremos de rango – LRV y URV) para un transmisor de nivel de interface debido a todas las presiones existentes. Una forma de visualizar la solución es imaginar cómo el proceso se vería en la condición de rango menor LRV y en la condición de valor mayor de rango URV, se muestra en las dos ilustraciones siguientes (S.G.: gravedad específica) (Fig. 1.26).

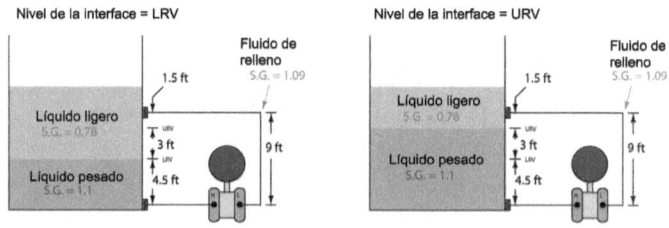

Figura 1.26: Determinación de los puntos de calibración

Por ejemplo, suponga que debemos calibrar un transmisor de presión diferencial para medir el nivel de la interface entre dos líquidos que tengan gravedades específicas de 1.1 y 0.78 respectivamente, y un alcance de 3 ft. El transmisor está equipado con sellos remotos, cada uno con un fluido de relleno de halocarbono con una gravedad específica de 1.09. La disposición física de este sistema es la siguiente (Fig. 1.27).

Como primer paso en el experimento imaginario se deben calcular las presiones hidrostáticas en ambos lados

## 1.5. SISTEMA DE BURBUJAS

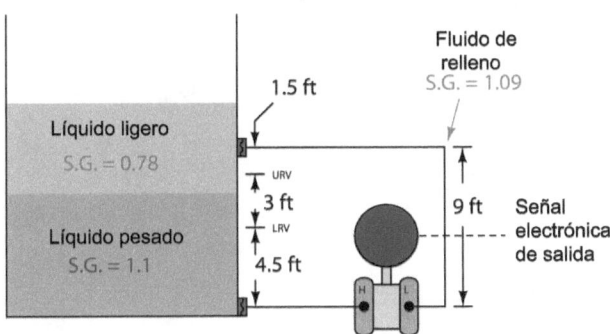

Figura 1.27: Sistema para calibrar transmisores de presión diferencial que miden nivel de una interface

del transmisor cuando la interface estén en el nivel LRV (Fig. 1.28).

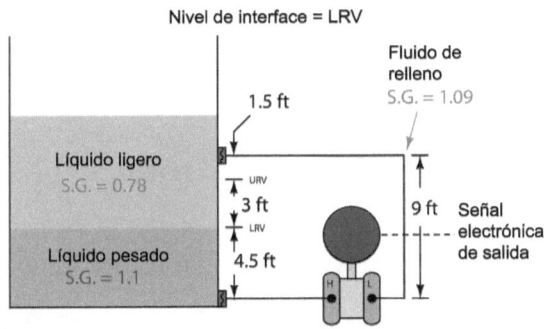

Figura 1.28: La interface está en el nivel LRV

Anteriormente se ha establecido que cualquier presión hidrostática resultante del nivel de líquido que esté encima de la ubicación del sello remoto superior es irrelevante para el transmisor, puesto que es visto en ambos lados del transmisor y así se cancela. Todo lo que debe hacerse entonces, es calcular la presión hidrostática considerándola como el nivel de líquido total detenido en el punto de conexión del diafragma superior.

Primeramente, se puede calcular la presión hidrostática vista en el puerto High del transmisor:

$$P_{alto} = 4.5 \text{ ft de líq pesado } + 4.5 \text{ ft de líq. ligero}$$

$$P_{alto} = 54\text{pulg. líq pesado } + 54 \text{ pulg. líquido ligero}$$

$$P_{alto} \text{ "W.C.} = (54\text{pulg. l. pesado})(1.1) + (54\text{pulg. l. ligero})(0.78)$$

$$P_{alto} \text{ "W.C.} = 59.4 \text{ "W.C.} + 42.12 \text{ "W.C.}$$

$$P_{alto} = 101.52 \text{ "W.C.}$$

A seguir, se calcula la presión hidrostática vista en el puerto Low del transmisor:

$$P_{bajo} = 9 \text{ ft de fluido de relleno}$$

$$P_{bajo} = 108 \text{ pulgadas de fluido de relleno}$$

$$P_{bajo} \text{ "W.C.} = (108 \text{ pulgadas de fluido de relleno})(1.09)$$

$$P_{bajo} = 117.72 \text{ "W.C.}$$

La presión diferencial aplicada al transmisor en esta condición es la diferencia entre las presiones de los puertos *High* y *Low*, la cual se interpreta como el valor menor del rango (LRV) para la calibración:

## 1.5. SISTEMA DE BURBUJAS

$$P_{LRV} = 101.52\ "W.C. - 117.72\ "W.C. = -16.2\ "W.C.$$

Un segundo paso en el experimento es imaginar cómo el proceso se vería con la interface en el nivel de URV para luego calcular las presiones hidrostáticas a cada lado del transmisor:

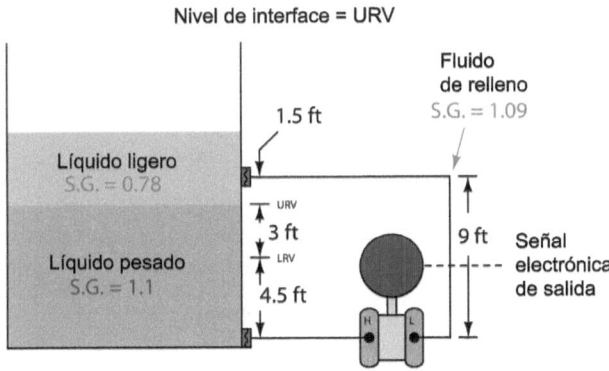

Figura 1.29: Interface en el nivel URV

$P_{high} = 7.5$ ft de líquido pesado $+ 1.5$ ft de líquido ligero

$P_{high} = 90$ pulg. l. pesado $+ 18$ pulg. l. ligero

$P_{high}\ "W.C. = (90\text{pulg. l. pesado})(1.1)+(18\text{pulg. l. ligero})(0.78)$

$P_{high}\ "W.C. = 99\ "W.C. + 14.04\ "W.C.$

$P_{high} = 113.04\ "W.C.$

Tabla 1.4: Tabla de calibración de 5 puntos

| Nivel de interf. | % rango | P. diferencial en transmisor | Salida del transmisor |
|---|---|---|---|
| 4.5 ft | 0 % | -16.2 "W.C. | 4 mA |
| 5.25 ft | 25 % | -13.32 "W.C. | 8 mA |
| 6 ft | 50 % | -10.44 "W.C. | 12 mA |
| 6.75 ft | 75 % | -7.56 "W.C. | 16 mA |
| 7.5 ft | 100 % | -4.68 "W.C. | 20 mA |

La presión hidrostática de la tubería compensadora es exactamente la misma que antes: 9 ft de fluido de relleno con una gravedad específica de 1.09, lo cual significa que no hay necesidad de calcularla nuevamente. Aún son 117.72 pulgadas de la columna de agua. Así, la presión diferencial en el punto URV es:

$$P_{URV} = 113.04 \text{ "W.C.} - 117.72 \text{ "W.C.} = -4.68 \text{ "W.C.}$$

Usando estos dos valores de presión y alguna interpolación se puede generar un tabla de calibración de 5 puntos (asumiendo un rango en la señal de salida de 4-20 mA) para este sistema de medición de nivel (Tab. 1.4).

Cuando llegue el tiempo de calibrar este instrumento en la tienda, la forma más fácil de hacer esto es situar los dos diafragmas remotos en el banco de trabajo (al mismo nivel) y entonces aplicar una presión de 16.2 a 4.68 pulgadas de columna de agua en el lado *Low* del diafragma de sellado remoto mientras que el otro diafragma se expone a la presión atmosférica para simular el intervalo deseado de presiones diferenciales negativas.

El alcance del instrumento ( (URV − LRV) is igual que el alcance del nivel de la interface (3 ft, o 36 pulgadas)

## 1.6. DESPLAZAMIENTO

multiplicado por la diferencia de gravedades específicas (1.1 − 0.78):

$$\text{Alcance in ''W.C.} = (36 \text{ pulgadas})(1.1 - 0.78)$$

$$\text{Alcance} = 11.52 \text{ ''W.C.}$$

Observando las ilustraciones de los dos experimentos se puede ver que la única diferencia entre los dos escenarios es el tipo de líquido que rellena la región de 3 ft entra las marcas de LRV y URV. Entonces, la única diferencia entre las presiones del transmisor en esas dos condiciones será la diferencia de altura multiplicada por la diferencia en densidad. Esta no solo es una forma fácil para calcular rápidamente el alcance del transmisor sino que también una forma de chequear el trabajo anterior: se puede notar que la diferencia entre las presiones LRV y URV es, en realidad, una diferencia de 11.52 pulgadas de columna de agua justamente como predice el método.

## 1.6 Desplazamiento

Los instrumentos de nivel desplazadores explotan el **Principio de Arquímedes** para detectar el nivel de líquido mediante la medición continua del peso de una varilla que está sumergida en el líquido del proceso. A medida que el líquido sube su nivel, la varilla de desplazamiento sufre una fuerza de flotación mayor, haciendo que sea mas ligero desde el punto de vista del instrumento, el que detecta la pérdida de peso como un incremento en el nivel y transmite una señal de salida proporcional. En la práctica, un instrumento de nivel desplazador se ve así (Fig. 1.30).

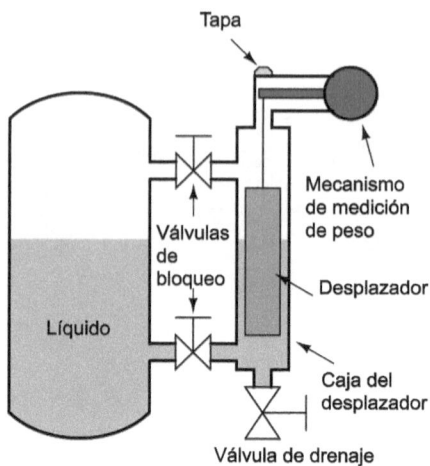

Figura 1.30: Medidor de nivel por desplazamiento

## 1.6.1 Instrumentos de fuerza de flotación

La siguiente foto muestra un transmisor neumático modelo Fisher Level - Trol midiendo nivel de condensados en un tanque de condensados *knockout drum* de una corriente de gas. Esta foto fue tomada en una instalación de compresión de gas natural, donde es muy importante que el gas a ser comprimido esté seco, ya que los líquidos son esencialmente incompresibles. Si se deja entrar un poco de líquido a un compresor puede hacer que este falle en forma catastrófica para el servicio de gas natural. El instrumento en sí mismo se vé en el lado derecho de la foto, con una unidad *head* de color gris que posee dos galgas neumáticas visibles en el extremo superior. La caja del desplazador *cage* es la tubería que está detrás y debajo de la unidad *head*. Note que aparece una mirilla de nivel en el lado izquierdo de la cámara de knockout *condensate boot* para que haya una indicación visual del nivel de condensado al interior del tanque de proceso (Fig. 1.31).

Vea las dos fotos de un instrumento desplazador de tipo Level - Trol mostrando como el desplazador se ubica dentro

## 1.6. DESPLAZAMIENTO 43

Figura 1.31: Transmisor neumático Fisher Level-Trol midiendo nivel de condensados en un tanque de condensados *knockout drum* de una corriente de gas

de la tubería de caja (Fig. 1.32).

Figura 1.32: Instrumento desplazador de tipo Level Trol

La tubería caja está acoplada con el tanque de proceso a través de dos válvulas de bloqueo, permitiendo el aislamiento del proceso. Una válvula de drenaje permite que la caja se pueda vaciar para mantenimiento y calibración del instrumento.

Algunos tipos de sensores de nivel de tipo desplazador no usan una caja sino que cuelgan el elemento desplazador directamente en el tanque del proceso. Estos se denominan sensores sin caja *"cageless"*. Son más simples que los que tienen caja, pero no se les puede realizar mantenimiento sin despresurizar (y quizás, vaciar) el tanque de proceso en el que están instalados. También son más propensos a errores y a ruidos si el líquido dentro del tanque estuviera agitado por causa de las propelas accionadas por motor que puedan estar instaladas en el tanque para hacer la mezcla de los líquidos del proceso.

La calibración en todo el rango se puede realizar haciendo flotar la caja con el líquido de proceso (calibración húmeda) o suspendiendo el desplazador con una cuerda y una escala precisa (una calibración seca), subiendo hacia arriba el desplazador en la cantidad exacta que simule un flotamiento del 100% del nivel de líquido (Fig. 1.33).

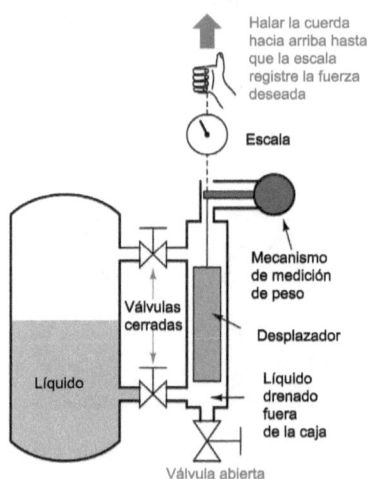

Figura 1.33: Calibración en todo del rango usando el desplazador

El cálculo de la fuerza de flotación es una cuestión simple. De acuerdo al Principio de Arquímedes, la fuerza de flotación siempre es igual al peso del volumen de fluido desplazado.

## 1.6. DESPLAZAMIENTO

En el caso de un instrumento de nivel basado en desplazador que opere a pleno rango, esto significa usualmente que todo el volumen del elemento desplazador se sumerge en líquido. Simplemente calcule el volumen del desplazador (si fuera un cilindro, $V = \pi r^2 l$, donde $r$ es el radio del cilindro y $l$ es el largo del cilindro ($\gamma$):

$$F_{flotante} = \gamma V$$

$$F_{flotante} = \gamma \pi r^2 l$$

Por ejemplo, si la densidad de peso del fluido de proceso fuese de 57.3 libras por pie cúbico y el desplazador un cilindro midiendo 3 pulgadas de diámetro y 24 pulgadas de largo, la fuerza necesaria para simular un condición de flotación a plena escala se puede calcular así:

$$\gamma = \left(\frac{57.3 \text{ lb}}{\text{ft}^3}\right)\left(\frac{1 \text{ ft}^3}{12^3 \text{ in}^3}\right) = 0.0332 \frac{\text{lb}}{\text{in}^3}$$

$$V = \pi r^2 l = \pi (1.5 \text{ in})^2 (24 \text{ in}) = 169.6 \text{ in}^3$$

$$F_{flotante} = \gamma V = \left(0.0332 \frac{\text{lb}}{\text{in}^3}\right)\left(169.6 \text{ in}^3\right) = 5.63 \text{ lb}$$

Note lo importante que es mantener la consistencia de las unidades. La densidad del líquido en unidades de libras por pie cúbico y el desplazador en unidades de pulgadas, lo que podría causar un grave problema si no se pudiese convertir entre ft y pulgadas. En este ejemplo, se ha optado por expresar la densidad en unidades de libras por pulgada cúbica, aunque también se podría convertir la unidad del desplazador a ft para llegar a un volumen de desplazamiento en unidades de pie cúbico.

## 1.6.2 Tubos de torsión *torque tube*

Un problema interesante que surge en el caso de los transmisores de nivel de tipo desplazamiento es cómo transferir el peso sensado desde el desplazador hacia el mecanismo del transmisor manteniendo el sellado de la presión de vapor de este mecanismo. La solución más común es un mecanismo ingenioso llamado tubo de torsión. Desafortunadamente, los tubos de torsión pueden ser muy difíciles de entender a menos que se tenga acceso manual a uno de estos.

Imagine, una varilla de metal sólido horizontal con una brida *flange* en un extremo y una palanca perpendicular en el otro extremo. La brida se monta en una superficie estacionaria con un peso suspendido desde el extremo de la palanca. Un círculo trazado en línea discontinua muestra donde la varilla está soldada al centro de la brida (Fig. 1.34).

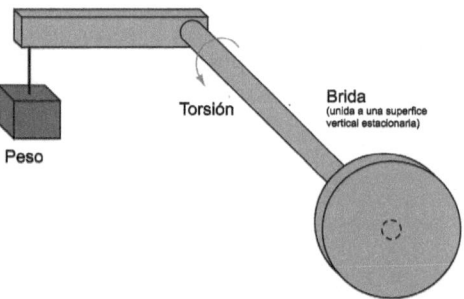

Figura 1.34: Mecanismo de tubo de torsión

La fuerza hacia abajo que provoca la acción del peso sobre la palanca se convierte en una fuerza de torsión (torque) en la varilla, haciendo que se tuerza ligeramente a lo largo. Mientras más peso cuelgue en el extremo de la palanca, más se torcerá la varilla. Mientras la torsión aplicada por el peso y la palanca no exceda nunca el límite elástico de la varilla, la varilla seguirá funcionando. Si conociésemos la constante

## 1.6. DESPLAZAMIENTO

de elasticidad de la varilla y la medida de la flexión debida a la torsión, se podría usar este movimiento leve como una medida de la magnitud del peso que cuelga en el extremo de la palanca.

Ahora, imagine que se pueda perforar un orificio a través de la varilla, a lo largo, que casi alcance el extremo donde está unida a la palanca. En otras palabras, imagine un orificio ciego *blind hole* a través del centro de la varilla, que comienza en el *flange* y que termina justamente antes de la palanca (Fig. 1.35a).

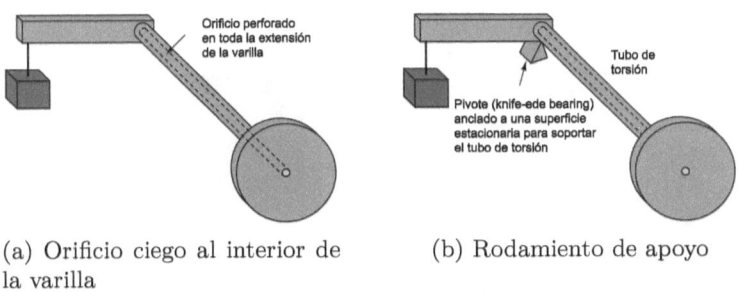

(a) Orificio ciego al interior de la varilla

(b) Rodamiento de apoyo

Figura 1.35: Funcionamiento del tubo de torsión

La presencia de este orificio profundo no cambia mucho el comportamiento del conjunto, excepto, quizás alterando la constante de elasticidad de la varilla. A menor circunferencia, la varilla tendrá menor efecto de resorte y se torcerá más con el peso aplicado en el extremo de la palanca. Lo que es más importante, el orificio largo transforma a la varilla en un tubo con un extremo sellado. En vez de verla como una barra de torsión, esta varilla es ahora un tubo de torsión, que se tuerce muy ligeramente cuando se aplica peso en el extremo de la palanca.

Para apoyar el tubo en forma vertical para que no se curve por efecto del peso, frecuentemente se coloca un rodamiento de apoyo *Knife-edge bearing* bajo el extremo de la palanca donde se une al tubo de torsión. El propósito de este pivote es proporcional apoyo vertical para el peso mientras que se forma un punto de pivoteo que casi no tiene fricción, asegurando que el único esfuerzo aplicado al tubo de torque sea la torsión desde la palanca (Fig. 1.35b).

Finalmente, imagine otra varilla de metal sólido (de un diámetro un poco menor que el orificio) soldada al extremo lejano del orificio ciego, extendiéndose más allá del extremo de la brida *flange* (Fig. 1.36).

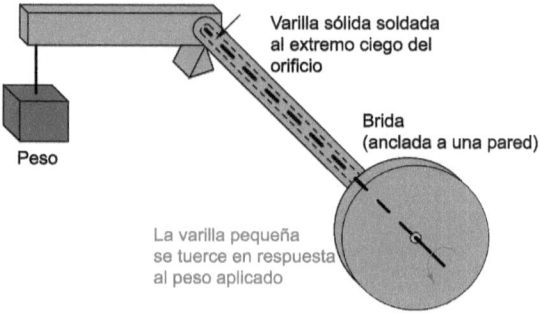

Figura 1.36: Varilla interna

La función de esta varilla de menor diámetro es transferir el movimiento de torsión del tubo de torsión a un punto más allá de la brida donde pueda ser sensado. Imagine la brida anclada a una pared vertical, mientras que un peso ejerce una gran fuerza hacia abajo en el extremo de la palanca. El tubo de torsión se flexionará en un movimiento de torsión con la fuerza variable, pero ahora será capaz de ver cuánta torsión existe detectando la rotación de la varilla menor en el lado cercano de la pared. El peso y la palanca pueden estar completamente fuera de la vista, pero el pequeño movimiento de torsión de la varilla pequeña revela, sin embargo, cuánta torsión puede soportar el tubo de torsión por efecto de la fuerza del peso.

Se puede aplicar este mecanismo de tubo de torsión a la tarea de medir el nivel de líquido en un tanque presurizado reemplazando el peso con un desplazador, uniendo la brida a

## 1.6. DESPLAZAMIENTO

una boquilla soldada al tanque y alineando un dispositivo de sensado de movimiento con el extremo de la varilla pequeña para medir su rotación. A medida que el nivel de líquido suba o baje, el peso aparente del desplazador variará, haciendo que el tubo de torsión se tuerza ligeramente. Este ligero movimiento de torsión se sensa entonces en el extremo de la varilla pequeña, en un ambiente aislado de la presión del fluido de proceso.

Se muestra una foto de un tubo de torsión real de un transmisor de nivel Fisher Level-Trol (Fig. 1.37a).

El metal de color oscuro es un resorte de acero que se usa para suspender el peso por acción de un resorte de torsión, mientras que la porción brillante es la varilla interna que se usa para transmitir movimiento. Como se puede apreciar, el tubo de torsión en sí mismo no tiene un diámetro considerable. Si lo tuviese sería demasiado rígido como resorte para que pueda ser de utilidad práctica en un instrumento de nivel del tipo desplazador, puesto que el desplazador no es muy pesado y la palanca no es muy larga.

Una mirada más cercana al extremo del tubo de torsión revela el extremo abierto donde la varilla de menor diámetro sale (izquierda) (Fig. 1.37b) y donde el extremo ciego del tubo está unido a la palanca (derecho) (Fig. 1.37c).

Si se cortara a la mitad el conjunto del tubo de torsión, su sección transversal se vería como esta (Fig. 1.37d).

La próxima ilustración muestra el tubo de torsión como parte de un transmisor de nivel de desplazamiento (Fig. 1.38).

Como se puede ver en la ilustración, el tubo de torsión sirve para tres cosas: (1) para hacer de resorte de torsión suspendiendo el peso de un desplazador, (2) para separar la presión de proceso de los mecanismos de sensado de posición y (3) para transferir movimiento desde el extremo lejano del tubo de torsión hacia el mecanismo de sensado.

En un transmisor neumático de nivel, el mecanismo de sensado que se usa para convertir el movimiento de torsión de un tubo de torsión a una señal de presión de aire es típicamente del tipo de balance de movimiento. El

# Mediciones continuas de Nivel

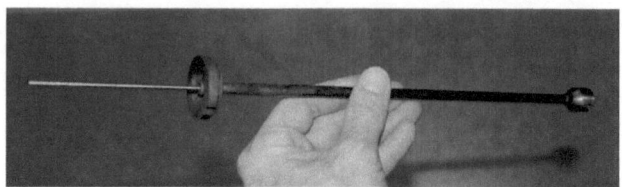

(a) Tubo de torsión un transmisor de nivel Fisher "Level-Trol'

(b) Extremo abierto del tubo de torsión

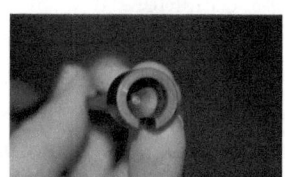

(c) Extremo ciego del tubo de torsión

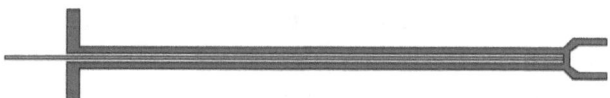

(d) Sección transversal del tubo de torsión

Figura 1.37: Tubo de torsión

## 1.6. DESPLAZAMIENTO

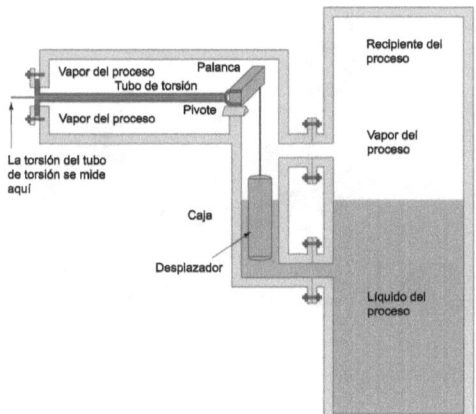

Figura 1.38: Transmisor de nivel basado en desplazamiento que usa un tubo de torsión

mecanismo de Fisher Level-Trol, por ejemplo, usa un tubo de Bourdon con forma de C con una boquilla en el extremo que sigue a una placa, que a su vez está unida a la varilla pequeña. El centro del tubo de Bourdon está alineado con el centro del tubo de torsión. A medida que la varilla rota la placa, avanza hacia la boquilla en el extremo del tubo Bourdon, haciendo que la contrapresión suba, la que, a su vez hace que el tubo de Bourdon se flexione. Esta flexión aleja la boquilla de la placa hasta que se logre una condición de balance. El movimiento de la varilla es balanceado con el movimiento del tubo de Bourdon, en lo que constituye un sistema neumático de balance de movimiento (Fig. 1.39).

### 1.6.3 Mediciones de desplazamiento de interface

Los instrumentos de desplazamiento de nivel pueden ser usados para medir interfaces líquido-líquido al igual que los instrumentos de presión hidrostáticos. Un requerimiento importante es que el desplazador esté siempre sumergido (inundado). Si esta regla fuese violada, el instrumento no

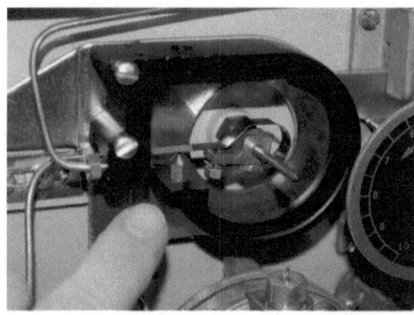

Figura 1.39: Tubo de Bourdon usado como sensor en un tubo de torsión

podría discriminar la diferencia entre el nivel de líquido total y un nivel más bajo de la interface.

Si el instrumento de desplazador tuviese su propia caja *cage*, es importante que las dos tuberías que conectan la caja al tanque de proceso (llamadas algunas veces boquillas *nozzles*) estén sumergidas. Esto asegura que la interface de líquido en la caja sea la misma que la interface dentro del tanque. Si la boquilla superior se secara, en un instrumento desplazador con caja, ocurriría el mismo problema de una mirilla de nivel.

No es tan difícil calcular la fuerza de flotación causada por la combinación de dos líquidos en un elementos desplazador. El principio de Arquímedes sigue siendo aplicable: la fuerza de flotación iguala al peso del fluido que se desplaza. Todo lo que tenemos que hacer es calcular los pesos combinados y los volúmenes de los líquidos desplazados para calcular la fuerza de flotación. En el caso de un líquido solo, la fuerza de flotación es igual a la densidad de peso de ese líquido ($\gamma$) multiplicado por el volumen desplazado ($V$):

$$F_{flotante} = \gamma V$$

## 1.6. DESPLAZAMIENTO

En una interface de dos líquidos, la fuerza flotante es igual a la suma de los dos pesos líquidos desplazados, con cada peso líquido siendo igual a la densidad de peso de ese líquido multiplicado por el volumen desplazado de ese líquido:

$$F_{flotante} = \gamma_1 V_1 + \gamma_2 V_2$$

Asumiendo un desplazador de área de sección transversal constante en todo su largo, el volumen del desplazamiento de cada líquido es simplemente igual a la misma área ($\pi r^2$) multiplicada por el largo del desplazador sumergido en ese líquido (Fig. 1.40).

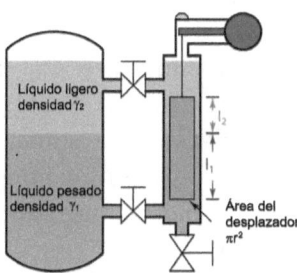

Figura 1.40: Esquema para determinar la expresión de la fuerza de Arquímedes en un instrumento de desplazamiento

$$F_{flotante} = \gamma_1 \pi r^2 l_1 + \gamma_2 \pi r^2 l_2$$

Puesto que el área ($\pi r^2$) es común en ambos términos de esta ecuación, se puede extraer por factorización para tener más simplicidad:

$$F_{flotante} = \pi r^2 (\gamma_1 l_1 + \gamma_2 l_2)$$

La determinación de los puntos de calibración de un instrumento de nivel de tipo desplazador para aplicaciones de interface es relativamente fácil si las condiciones LRV y URV se entienden como experimentos imaginarios. Primero, imagine que la condición del desplazador pudiese verse como si la interface estuviese en el valor menor del campo, entonces imagine un escenario diferente con la interface en el valor mayor del campo *range*.

Suponga que se tiene un instrumento desplazador midiendo la interface de nivel entre dos líquidos que tengan gravedades específicas de 0.850 y de 1.10, con un largo del desplazador de 30 pulgadas y un diámetro del desplazador de 2.75 pulgadas (radio = 1.357 pulgadas). Suponga adicionalmente que el LRV en este caso es cuando la interface está en el fondo del desplazador y el URV es cuando la interface está en el extremo superior del desplazador. La ubicación de los niveles de interface LRV y URV en los extremos del desplazador simplifica los cálculos de LRV y URV; y, como con el experimento imaginario del LRV, el desplazador estará completamente sumergido en el líquido ligero y, como en el experimento imaginario del URV, el desplazador estará completamente sumergido en líquido pesado.

Calculando la fuerza de flotación:

$$F_{flotante}\ (\text{LRV})\ = \pi r^2 \gamma_2 L$$

Calculando la fuerza flotante URV:

$$F_{flotante}\ (\text{URV})\ = \pi r^2 \gamma_1 L$$

La flotación de cualquier porcentaje de medición entre LRV (0%) y URV (100%) puede ser calculado por interpolación (Tab. 1.5).

$$\gamma_1 = \left(62.4\ \frac{\text{lb}}{\text{ft}^3}\right)(1.10) = 68.6\ \frac{\text{lb}}{\text{ft}^3} = 0.0397\ \frac{\text{lb}}{\text{in}^3}$$

Tabla 1.5: Fuerza de flotación para diferentes puntos de nivel de líquido en un medidor de desplazamiento

| Interface (pulgadas) de nivel (pulgadas) | Fuerza flotadora (libras *pounds*) |
|---|---|
| 0 | 5.47 |
| 7.5 | 5.87 |
| 15 | 6.27 |
| 22.5 | 6.68 |
| 30 | 7.08 |

$$\gamma_2 = \left(62.4 \, \frac{\text{lb}}{\text{ft}^3}\right)(0.85) = 53.0 \, \frac{\text{lb}}{\text{ft}^3} = 0.0307 \, \frac{\text{lb}}{\text{in}^3}$$

$$F_{flotante} \, (\text{LRV}) = \pi(1.375 \text{ in})^2 \left(0.0307 \, \frac{\text{lb}}{\text{in}^3}\right)(30 \text{ in}) = 5.47 \text{ lb}$$

$$F_{flotante} \, (\text{URV}) = \pi(1.375 \text{ in})^2 \left(0.0397 \, \frac{\text{lb}}{\text{in}^3}\right)(30 \text{ in}) = 7.08 \text{ lb}$$

## 1.7 Eco

Una forma de medir nivel de líquido completamente distinta es hacer rebotar una onda a partir de la superficie del líquido – típicamente desde un lugar en el extremo superior del líquido – usando el tiempo de vuelo de las ondas como indicador de la distancia, y por lo tanto, un indicador de la altura de líquido en el tanque. Los instrumentos de nivel basados en eco tienen la ventaja exclusiva de inmunidad a cambios en la densidad de líquidos, un factor crucial para la calibración precisa de instrumentos de nivel de desplazamiento e hidrostáticos.

Desde este punto de vista, son comparables con sistemas de medición de nivel basados en flotadores.

Los instrumentos de nivel basados en desplazamiento y los basados en hidrostática son más simples que los instrumentos basados en eco y fueron usados desde mucho tiempo antes de que se usara la tecnología moderna basada en electrónica. Los instrumentos basados en eco necesitan una temporización precisa y una circuitería basada en conformación de ondas, elementos transceptores más robustos y sensibles, lo que demanda un nivel mucho más sofisticado de tecnología. Sin embargo los diseños electrónicos modernos han conseguido instrumentos de nivel basados en eco que son más y más prácticos para las aplicaciones industriales.

Las interfaces líquido-líquido se pueden medir también con algunos tipos de instrumentos de nivel basados en eco como los radares de onda guiada.

El factor más importante en la precisión de un instrumento de nivel basado en eco es la velocidad a la que la onda viaja en dirección al líquido (y a la que retorna). La velocidad de propagación de la onda es fundamental en la precisión de un instrumento de eco como lo es la densidad del líquido en la precisión de instrumento desplazador o hidrostático. Mientras que la velocidad sea conocida y estable las mediciones serán precisas. Aunque también es verdad que la calibración de un instrumento de nivel basado en eco no depende de la densidad del fluido de proceso por la misma razón que lo es para los instrumentos de nivel basados en desplazamiento o hidrostáticos, esto no significa necesariamente que la calibración de un instrumento de nivel basado en eco permanezca fija cuando la densidad de fluido de proceso cambie. La velocidad de propagación de la onda usada en un instrumento de nivel basado en eco puede estar sujeta a cambios a medida que el fluido de proceso cambie su temperatura o composición. En el caso de instrumentos de eco ultrasónico, la velocidad del sonido es un función (fuerte) de la densidad del medio. Así, un transmisor de nivel ultrasónico que mida el tiempo de vuelo a través del vapor

## 1.7. ECO

que está encima del líquido puede tener deriva de calibración en la densidad (incide en la velocidad del sonido) cuando el vapor cambie mucho, lo que puede deberse a cambios de temperatura y presión del vapor. Si el tiempo de vuelo del sonido se midiera mientras las ondas pasan a través del líquido, la calibración podría sufrir deriva si la temperatura del líquido cambiase. En el caso de instrumentos de radar (onda de radio), la velocidad de propagación de la onda de radio varía de acuerdo a la permitividad dieléctrica del medio. La permitividad también se afecta por cambios en la densidad del fluido del medio, por lo que los instrumentos de nivel basados en radar pueden sufrir deriva de calibración con los cambios en la densidad del fluido.

Los instrumentos de nivel basados en eco pueden ser engañados por capas de espuma que estén encima de los líquidos y los modelos de detección de interface líquido-líquido pueden tener dificultad para detectar interfaces entre elementos distintos (como ocurre en el caso de las emulsiones). Las estructuras irregulares que están dentro del espacio de vapor de un tanque (como por ejemplo: puertos de acceso, paletas mezcladoras, escaleras y ductos *shafts* pueden interferir con el funcionamiento de instrumentos de nivel basados en eco originando ecos falsos en el instrumento, aunque este problema puede ser atenuado con la instalación de tubos que guían las ondas mientras estas se desplazan, o usando sondas de onda en el caso de instrumentos de radares con ondas guiadas. Los líquidos que entran al tanque goteando a través de un espacio de vapor también pueden causar problemas en un instrumento basado en eco. Además, todo los instrumentos basados en eco tienen zonas muertas en las que los niveles de líquido están tan cercas del transceptor para que puedan ser medidas con precisión o incluso que puedan ser detectadas (el tiempo de vuelo del eco es tan corto que los receptores electrónicos no pueden distinguirlo desde el pulso incidente).

## 1.7.1 Mediciones ultrasónicas de nivel

Los instrumentos de nivel miden la distancia desde el transmisor (que está ubicado en algún punto alto) a la superficie del material de proceso ubicado más abajo usando una onda de sonido reflejada. La frecuencia de esas ondas reflejadas se extienden más allá de la audición humana, motivo por el cual son llamadas ondas ultrasónicas. El tiempo de vuelo de un pulso de sonido indica la distancia y es interpretada por la electrónica del transmisor como el nivel del proceso. Estos transmisores pueden emitir una

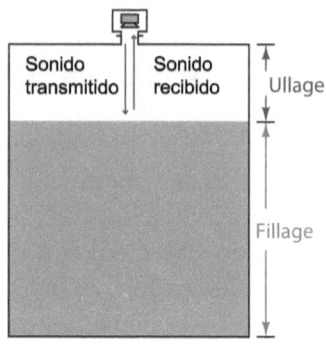

Figura 1.41: Esquema de un medidor nivel basado en eco ultrasónico

señal que corresponda con la cantidad de llenado *fillage* o la cantidad de espacio que queda en el extremo superior del tanque *ullage*(Fig. 1.41).

*Ullage* es el modo natural de medición de este tipo de instrumento de nivel, por que el tiempo de vuelo de la onda de sonido es un función directa de la cantidad de espacio vacío en el extremo superior del tanque. La altura total del tanque siempre será la suma de *fillage* y de *ullage*. Si el transmisor de nivel ultrasónico estuviese programado con la altura total del tanque, se podría calcular el *fillage* a través de un sustracción simple:

$$\text{Fillage} = \text{Altura total} - \text{Ullage}$$

Si una onda de sonido se encontrase con un cambio brusco en la densidad del material, algo de la energía de la onda sería reflejada en forma de otra onda que viaja en la dirección opuesta. En otras palabras, la onda de sonido producirá

## 1.7. ECO

un eco cuando alcance una discontinuidad en la densidad. Esta es la base de todos los dispositivos de gama ultrasónica. Así, para un transmisor de nivel ultrasónico la diferencia de densidad en la interface entre líquido y gas puede ser muy extensa. La interfaces entre elementos diferentes como líquido y gas siempre tienen diferencias enormes de densidad, por lo que son relativamente fáciles de detectar usando ondas ultrasónicas. Los líquidos con una capa pesada de espuma que flota encima son más difíciles, debido a que la espuma es menos densa que el líquido pero considerablemente más densa que el gas que está encima. En este caso, se generará un eco débil en la interface entre el gas y la espuma y otro en la interface entre el líquido y la espuma, con la espuma dispersando y disipando gran parte de la energía del segundo eco.

El instrumento en sí mismo, está compuesto por un módulo que contiene todos los circuitos de potencia, computación y procesamiento de señal y un transductor ultrasónico para emitir y recibir las ondas de sonido. Este transductor es típicamente de naturaleza piezoeléctrica, es el equivalente de un parlante de alta frecuencia. La foto muestra el módulo electrónico típico (a la izquierda) (Fig. 1.42a) y el módulo de un transductor ultrasónico (a la derecha) (Fig. 1.42b).

Según el estándar ISA el módulo electrónico sería un transmisor de nivel (LT: Level Transmitter) y el transductor sería un elemento de nivel (LE: Level Element). Aunque hemos denominado transductor al dispositivo responsable de transmitir y recibir ondas de sonido, su función principal es ser elemento principal (primario) de sensado en el sistema de medición de nivel y por lo tanto, se denomina con propiedad un elemento de nivel (LE).

Si el transductor ultrasónico fuese lo suficientemente robusto y el tanque de proceso lo suficientemente libre de materiales amortiguadores de sonido (*sludge*) que se acumulan en el fondo del tanque, el transductor se podría montar en el fondo del tanque, haciendo rebotar las ondas

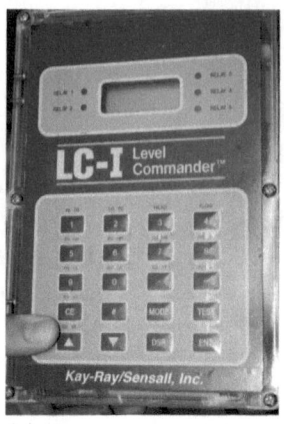 

(a) Módulo electrónico de un instrumento ultrasónico

(b) Transductor ultrasónico

Figura 1.42: Partes de un instrumento ultrasónico

desde la superficie del líquido, a través del líquido en vez del espacio de vapor. Como se ha dicho anteriormente, cualquier diferencia significativa en las densidades de los materiales es suficiente para reflejar una onda de sonido. Si este fuese el caso, no debiese importar a través de qué medio se propagase antes la onda incidente (Fig. 1.43).

Esta solución consiste en usar *fillage* como la medición natural y *ullage* como la medición derivada (calculada por substracción a partir de la altura total del tanque).

$$\text{Ullage} = \text{Altura total} - \text{Fillage}$$

Como se ha mencionada previamente, la calibración de un transmisor de nivel depende de la velocidad del sonido a través del medio entre el transductor y de la interface. En el caso de los transductores montados en la parte superior, esta es la velocidad del sonido a través del aire (o vapor) sobre el líquido, puesto que este es el medio a través del cual se miden las ondas incidentes y reflejadas. En el caso

## 1.7. ECO

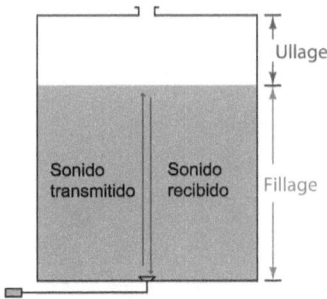

Figura 1.43: Sensor en el fondo del tanque

de los transductores montados en el fondo del tanque esta es la velocidad del sonido a través del líquido. En ambos casos, para asegurar la buena precisión, se debe estar seguro de que la velocidad del sonido a través del trayecto medido permanezca razonablemente constante (o de lo contrario que se compense por cambios en la velocidad de sonido a través del medio usando mediciones de presión o temperatura y un algoritmo de compensación).

Los instrumentos ultrasónicos de nivel tienen la ventaja de ser capaces de medir la altura de materiales sólidos como polvos y granos almacenados en tanques, no solamente de líquidos. El criterio fundamental para detectar niveles de material es que el cambio de la densidad por encima o por debajo de la interface debe ser diferente (a mayor diferencia, más fuerte el eco). Los materiales de baja densidad presentan dificultades que solo afectan a este tipo de instrumentos debido a que no causan reflexiones fuertes. Los perfiles de flujo no lineales también dan lugar a dificultades (solo para estos instrumentos) al hacer que las reflexiones sean laterales en lugar de rectas y hacia el instrumento ultrasónico. Un problema clásico que se encuentra en la medición de niveles de materiales granulados o en polvo en un tanque, es el ángulo de reposo formado por el material como resultado de la forma en que se alimenta (se alimenta solamente por un punto) el

tanque (Fig. 1.44a)

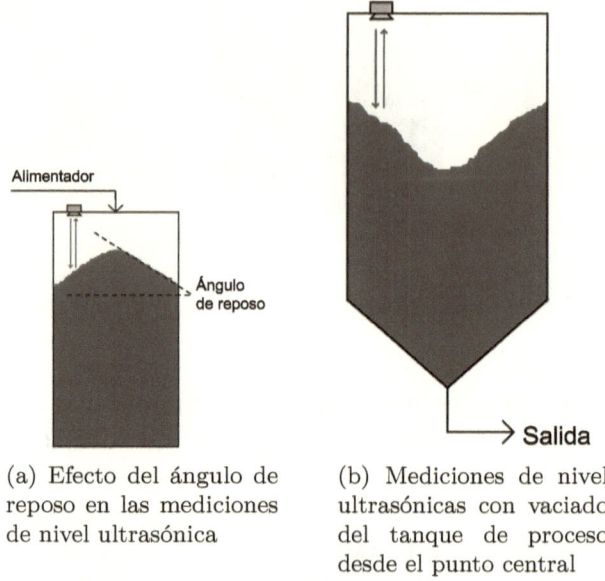

(a) Efecto del ángulo de reposo en las mediciones de nivel ultrasónica

(b) Mediciones de nivel ultrasónicas con vaciado del tanque de proceso desde el punto central

Figura 1.44: Influencia del ángulo de reposo en las mediciones de nivel ultrasónica

Esta superficie angulada es difícil de detectar por un dispositivo ultrasónico, porque tiende a dispersar las ondas de sonido lateralmente en lugar de reflejarlas fuertemente hacia el instrumento. Si embargo, aún cuando el problema de la dispersión no sea significativo, aún permanece el problema de la interpretación: ¿Qué nivel realmente mide el instrumento? El nivel detectado cerca la pared del tanque ciertamente no registra menos que en el centro, pero el nivel detectado a medio camino entre la pared del tanque y el centro del tanque puede que no sea un promedio preciso de estas dos alturas. Además, este ángulo puede hacer que el material fluya y se desplace desde el centro al extremo.

Note que este ángulo probablemente se revertirá se el tanque fuese vaciado desde un punto central (Fig. 1.44b).

Por esta razón, las aplicaciones de medición de

almacenamiento de sólidos en general requieren mayor precisión que otras técnicas, tales como las mediciones basadas en peso.

### 1.7.2 Mediciones de nivel usando radar

Los instrumentos de medición de nivel basados en radar miden la distancia desde el transmisor (ubicado en algún punto alto) a la superficie del material de proceso ubicado más abajo, en la misma forma que lo hacen los transmisores ultrasónicos: midiendo el tiempo de propagación (vuelo) de una onda viajera. La diferencia fundamental entre un instrumento basado en radar y uno ultrasónico es el tipo de onda usado: ondas de radio en lugar de ondas de sonido. Las ondas de radio son de naturaleza electromagnética (lo que comprende los campos eléctricos y magnéticos) y son de muy alta frecuencia (en el intervalo de microondas: GHz). Las ondas de sonido son vibraciones mecánicas que se transmiten de molécula en molécula en un fluido o sustancia sólida a una frecuencia mucho menor (decenas o cientos de kHz: todavía muy alto para que sea percibida como un tono audible por las personas) que las ondas de radio.

Algunos instrumentos de nivel basados en radar usan sondas de guía de onda para guiar las ondas electromagnéticas en el líquido de proceso mientras que otros envían sondas a través del espacio abierto para que se reflejen en el material de proceso. Los instrumentos que usan guías de onda se denominan radares de onda guiada y los que usan el espacio abierto para la propagación de las señales se denominan radares de no contacto. Las diferencias entre estos dos tipos de radares se muestra en la siguiente ilustración (Fig. 1.45).

Los transmisores de radar de no contacto siempre están montados en el lado superior de un tanque de almacenamiento, en cambio, los transmisores de radar modernos son muy compactos como muestra la foto (Fig. 1.46).

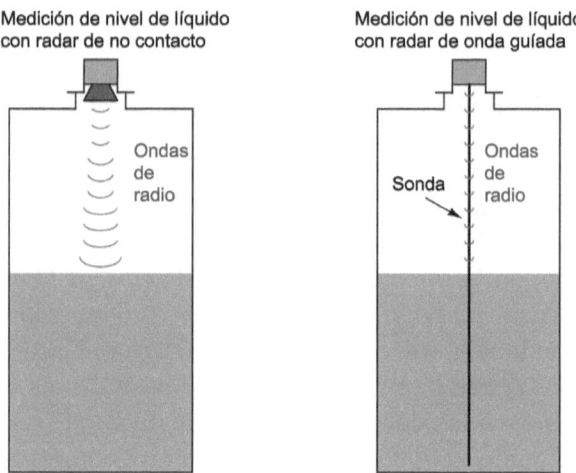

Figura 1.45: Medición de nivel de líquido con radar

Figura 1.46: Foto de un radar de no contacto

## 1.7. ECO

Las sondas usadas en instrumentos de radar de onda guiada pueden ser varillas simples de metal, pares de varillas paralelas de metal o varillas de metal coaxial y con estructura de tubo. Las sondas de varilla única guían la energía de microondas hacia y desde la superficie del líquido. Sin embargo, las sondas de varilla única son mucho más tolerantes a errores que las de dos varillas (o que las sondas coaxiales), debido a la existencia de masas pegajosas de líquido viscoso y/o materia sólida unida a la sonda. Estas acrecencias que inducen a engaño, cuando son muy severas, originan reflexiones de onda electromagnética que le hacen creer al transmisor que son reflexiones reales provenientes del nivel real de líquido.

Los instrumentos de nivel basados en radar de no contacto descansan en el uso de antenas que dirigen la energía de microonda hacia el tanque y que reciben la energía de retorno de eco. Estas antenas deben mantenerse limpias y secas lo que puede ser un problema si el líquido siendo medido emitiera vapores condensables. Por esta razón los instrumentos basados en radar de no contacto frecuentemente se separan desde el interior del tanque por medio de una ventana dieléctrica (construida por alguna sustancia que sea relativamente transparente a las ondas electromagnéticas para que aún así actúen como una barrera para el vapor) (Fig. 1.47a).

Las ondas electromagnéticas viajan a la velocidad de la luz: $2.9979 \times 10^8$ metros por segundo en el vacío perfecto. La velocidad de la ondas electromagnética a través del espacio depende de la permitividad dieléctrica (la cual se simboliza por la letra griega $\varepsilon$) del espacio. Se muestra una fórmula que relaciona la velocidad de la onda, la permitividad relativa y la velocidad de la luz en el vacío perfecto, simbolizado como $\varepsilon_r$ y algunas veces llamado constante dieléctrica de la sustancia y la velocidad de la luz en el vacío perfecto ($c$): :

$$v = \frac{c}{\sqrt{\varepsilon_r}}$$

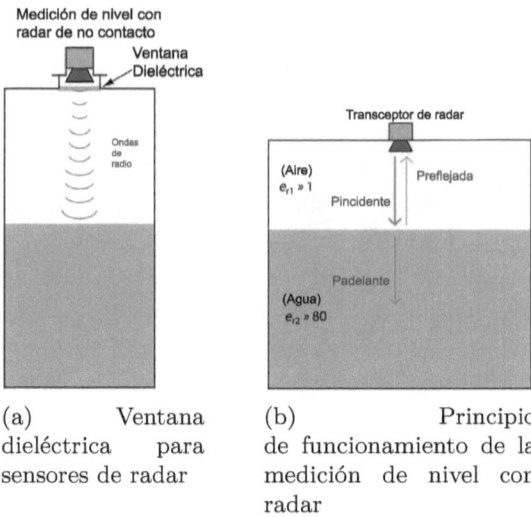

(a) Ventana dieléctrica para sensores de radar

(b) Principio de funcionamiento de la medición de nivel con radar

Figura 1.47: Mediciones de radar

Como se ha mencionado antes, la calibración de un transmisor de nivel basado en eco depende de saber la velocidad de propagación de la onda a través del medio que separa al instrumento de la interface de fluido del proceso. En el caso de los transmisores de radar que sensan un solo líquido que está debajo de un gas o vapor, esta velocidad es la de la luz a través del espacio de gas o de vapor, la que se sabe es función de la permitividad eléctrica.

La permitividad relativa del aire a una presión y temperatura normal es muy cercana a la unidad (1). Esto significa que la velocidad de la luz en el aire bajo presión atmosférica y temperatura ambiente es muy cercana a la del vacío perfecto ($2.9979 \times 10^8$ metros por segundo). Sin embargo, si el espacio de vapor encima del líquido no fuese aire ambiental y estuviese sujeto a cambios grandes de temperatura y presión, la permitividad de este vapor cambiaría sustancialmente y consecuentemente afectaría a la velocidad de la luz y por tanto a la calibración del instrumento de nivel.

## 1.7. ECO

La permitividad de cualquier gas está relacionada con la presión y la temperatura a través de la siguiente fórmula:

$$\varepsilon_r = 1 + (\varepsilon_{ref} - 1)\frac{PT_{ref}}{P_{ref}T}$$

Donde, $\varepsilon_r$ = Permitividad relativa del gas a una presión $(P)$ y temperatura $(T)$ $\varepsilon_{ref}$ = Permitividad relativa del mismo gas a una presión normal $(P_{ref})$ y una temperatura de $(T_{ref})$ $P$ = Presión absoluta del gas (bars) $P_{ref}$ = Presión de gas bajo condiciones normalizadas ($\approx$ 1 bar) $T$ = Temperatura absoluta del gas (Kelvin) $T_{ref}$ = Temperatura absoluta del gas bajo condiciones normalizadas ($\approx$ 273 K).

Esta ecuación nos permite inferir que la permitividad del gas se incrementa con el incremento de presión y disminuye con el incremento de temperatura.

Si una onda electromagnética encontrase un cambio brusco de la permitividad dieléctrica algunas de las ondas de energía serían reflejadas como otra onda que viaja en la dirección opuesta. En otras palabras, la onda genera un eco cuando encuentra una discontinuidad. Este es el principio de funcionamiento de los dispositivos de radar (Fig. 1.47b).

El mismo principio explica la reflexión en las líneas de transmisión de Cobre. Cualquier discontinuidad (cambios bruscos de impedancia) a lo largo de la línea de transmisión reflejará una parte de la potencia eléctrica de la señal hacia la fuente. En una línea de transmisión, las discontinuidades pueden ser causadas por pinchazos, roturas o cortocircuitos. En los sistemas de medición de nivel basados en radar, cualquier cambio súbito de permitividad constituye una discontinuidad que refleja algo de la onda incidente hacia la fuente. Así, los instrumentos de nivel basados en radar funcionan mejor cuando hay una gran diferencia de permitividad entre las dos sustancias en la interface. Como se ha mostrado en la ilustración anterior, el aire y el agua cumplen con este criterio, teniendo un cociente de permitividad de 80:1.

El cociente entre la potencia reflejada y la incidente (o transmitida) en cualquier interface entre materiales se denomina factor de reflexión de potencia $R$. Esto puede ser expresado como un cociente adimensional, a veces en la forma de decibeles (dB). La relación entre la permitividad dieléctrica y el factor de reflexión es:

$$R = \frac{\left(\sqrt{\varepsilon_{r2}} - \sqrt{\varepsilon_{r1}}\right)^2}{\left(\sqrt{\varepsilon_{r2}} + \sqrt{\varepsilon_{r1}}\right)^2}$$

Donde, $R$ = Factor de reflexión de potencia en la interface, como unidad adimensional

$\varepsilon_{r1}$ = Permitividad Relativa (constante dieléctrica) del primer medio

$\varepsilon_{r2}$ = Permitividad Relativa (constante dieléctrica) del segundo medio

La fracción de la potencia de la onda incidente que es transmitida a través de la interface ($P_{adelante}/P_{incidente}$) es un complemento matemático del factor de reflexión de potencia: $1 - R$.

En situaciones donde el primer medio sea el aire o algún gas de baja permitividad, la fórmula se simplifica en la siguiente forma (con $\varepsilon_r$ siendo la permitividad relativa de la sustancia reflejadora):

$$R = \frac{\left(\sqrt{\varepsilon_r} - 1\right)^2}{\left(\sqrt{\varepsilon_r} + 1\right)^2}$$

En la ilustración previa, los dos medios eran aire ($\varepsilon_r$ aprox 1) y agua ($\varepsilon_r$ aprox 80) – muy cerca del escenario ideal de una reflexión fuerte. Dados los valores de permitividad relativa, el factor de reflexión de potencia tiene un valor de 0.638 (63.8%), o -1.95 dB. Esto significa que muy por encima de la mitad de la onda incidente se refleja de la interface aire/agua, mientras que el remanente 0.362 (36.2%) de la potencia pertenece a la onda que viaja a través de la interface

## 1.7. ECO

aire-agua y que se propaga por el agua. Si el líquido en cuestión es gasolina en lugar de agua (con una permitividad lo suficientemente baja de 2), el cociente de reflexión de potencia será solamente de 0.0294 (2.94%) o de -15.3 dB, con la gran mayoría de las ondas de potencia penetrando con éxito en la interface aire-gasolina.

Esta definición más extensa del factor de reflexión de potencia sugiere que las interfaces líquido-líquido podrían ser detectables usando radares. Todo lo que se necesita es una diferencia lo suficientemente grande en las permitidades de ambos líquidos para crear un eco lo suficientemente fuerte para que pueda ser detectado sin errores. Las mediciones de nivel de interface líquido-líquido basadas en radar trabajan bien cuando el líquido de arriba tiene menor valor de permitividad que el líquido de abajo. El caso de que haya una capa de aceite de hidrocarbonos encima de agua (o de cualquier solución acuosa como ácidos o bases) es un buen candidato para ser medido con un instrumentos de nivel basados en radar. Un ejemplo de una interface líquido-líquido que podría ser de difícil detección con instrumentos basados en radar es el agua ($\varepsilon_r$ aprox 80) encima de la glicerina ($\varepsilon_r$ aprox 42).

Si un instrumento basado en radar usase un protocolo de red digital para transmitir información a una sistema host (como el estándar HART o cualquier otro estándar fieldbus), podría comportarse como un transmisor multivariable, transmitiendo las mediciones de nivel de interface y las mediciones de nivel total de líquido en forma simultánea. Esta es una habilidad que solo poseen los transmisores de radar de onda guiada y es muy útil para ciertos procesos porque evita el uso de varios instrumentos midiendo niveles.

Un fluido con menor $\varepsilon_r$ que esté encima de un fluido de mayor $\varepsilon$ es más fácil de detectar que cuando ocurre lo contrario, porque la señal tendría que viajar a través de una interface gas-líquido antes de penetrar la interface líquido-líquido. En el caso de gases y vapores que tengan valores de $\varepsilon$ tan pequeños, la señal tendría que pasar a través e la interface gas-líquido primero para después alcanzar la interface líquido-líquido. Esta interface gas-líquido, tiene la mayor diferencia en los valores de $\varepsilon$ para cualquier interface dentro del tanque y por lo tanto será la más reflectiva a la energía electromagnética (en ambas direcciones). Así, solo una pequeña parte de la onda incidente nunca llegará a la interface líquido-líquido (esta es una fracción de la potencia de la onda que viaja atravesando la interface gas-líquido hacia abajo) y una porción similar de la onda reflejada de la interface líquido-líquido tampoco atravesará la interface gas-líquido en su retorno a la fuente. Esta situación mejoraría mucho si los valores $\varepsilon$ de las dos capas de líquido se hubiesen invertido, como se muestra en esta comparación hipotética (todos los cálculos asumen que no hay disipación de potencia a lo largo del camino, solamente la reflexión en las interfaces) (Fig. 1.48).

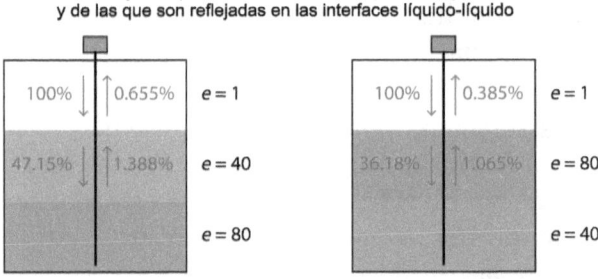

Figura 1.48: Dos casos de reflexión

Como se puede ver en la ilustración, la proporción de potencia devuelta hacia el instrumento es casi de dos a uno, donde el líquido de arriba tendría el menor de los valores de epsilon. En la vida real, no existe la posibilidad de elegir cual líquido irá encima de otro, esto depende de sus densidades, pero sí se puede elegir la tecnología de medición, como se puede ver en ciertos valores de $\varepsilon$ que son menos detectables

## 1.7. ECO

con radares que con otros.

Otro factor que conspira contra el uso de radares como tecnología de medición de interface en los casos en que la interface en la que el líquido superpuesto tenga una constante diélectrica mayor; es el hecho de que muchos líquidos con alta $\varepsilon$ son acuosos por naturaleza por el hecho de que el agua disipa rápidamente la energía de microondas. Este último se explota en los hornos de microondas, donde la radiación de microondas excita las moléculas de agua en el alimento, disipando energía en forma de calor. En un sistema de medición de nivel basado en radar que consista de gas o vapor sobre agua a algún otro líquido más pesado, las señal de eco sería extremadamente débil porque la señal debe pasar a través de la capa de agua (que hacer perder mucha energía) dos veces antes de que retorne al instrumento de radar.

Las pérdidas de energía electromagnética son un tema importante a considerar en la instrumentación de nivel basada en radar, aún cuando la interface a ser detectada sea simplemente gas (o vapor) sobre líquido. La fórmula del factor de reflexión de potencia solamente predice el cociente entre la potencia de la onda reflejada y la onda incidente (es una interface de sustancias). Justamente porque una interface de aire-agua refleja el 63.8% de la potencia incidente esto no significa que el 63.8% de la potencia incidente retorne a la antena del transceptor. Cualquier pérdida disipativa entre el transceptor y la interface debilitará la señal hasta el punto donde puede ser difícil distinguirla del ruido.

Otro factor importante es la maximización de la potencia reflejada es el grado de dispersión de las microondas en su camino hacia la interface líquida y en su retorno al transceptor. Los instrumentos basados en radar de onda guiada reciben un porcentaje mucho mayor de su potencia transmitida que un radar de no contacto porque la sonda de metal que se usa para guiar los pulsos de señal de microondas ayudan a evitar que las ondas se dispersen (y por lo tanto que se debiliten) a medida que se propagan en los líquidos. En otras palabras, la sonda funciona como una línea de transmisión que dirige y focaliza la energía de microondas, asegurando un camino recto entre el instrumento y el líquido, y un camino recto para que vuelva el eco. Por esto los radares de onda guiada son la única tecnología práctica de radar para medir interfaces líquido-líquido.

Un factor críticamente importante en las mediciones de nivel precisas usando instrumentos de radar es que la permitividad dieléctrica de las sustancias que están arriba (todos los medios entre el instrumento de radar y la interface de interés) deben ser conocidas con precisión. La razón para esto es la dependencia de la velocidad de propagación de la onda elecromagnética y de la permitividad relativa. Se muestra nuevamente la fórmula vista antes:

$$v = \frac{c}{\sqrt{\varepsilon_r}}$$

Donde, $v$ = Velocidad de la onda electromagnética a través de una sustancia en particular $c$ = Velocidad de la luz en el vacío (vacío perfecto) ($\approx 3 \times 10^8$ metros por segundo) epsilon-r = Permitividad relativa constante dieléctrica de la sustancia.

La permitividad de un gas o vapor tiene que conocerse con precisión en el caso de una aplicación donde haya solo un tipo líquido y solamente gas o vapor encima de este. En el caso de interfaces de dos líquidos con gas o vapor encima, las permitividades relativas de los gases y los líquidos que están encima deben conocerse con precisión para lograr una medición precisa de la interface líquido - líquido. Los cambios de la constante dieléctrica del medio o de los medios por los cuales debe viajar la microonda y su eco harán que la propagación se realice a diferentes velocidades. Los cambios en la velocidad de la onda a través de los medios afectarán la cantidad necesaria de tiempo para que la onda vaya desde el transceptor hasta la interface de eco y se refleje hacia el transceptor, esto influye en las mediciones de radar porque están basadas en el tiempo de propagación a través de los medios que separan el transceptor de radar y la interface de eco. Por lo tanto, los cambios de la constante dieléctrica son

## 1.7. ECO

relevantes para la precisión de cualquier medición de nivel basada en radar.

Los factores que influyen en la constante dieléctrica de los gases incluyen la presión y la temperatura, lo cual significa que la precisión de un instrumento de nivel basado en radar variará en la medida que la presión del gas y/o la temperatura del gas cambien. El que esto sea importante en las mediciones de una aplicación en particular depende de la precisión con que se necesitan las mediciones y el grado en que la permitividad cambie desde un extremo de presión/temperatura a otro. En ningún caso el instrumento de radar debiese ser considerado en una aplicación de medición de nivel a menos que la constante dieléctrica del medio que esté encima sea conocida con precisión. Esto es equivalente a la dependencia que tienen los instrumentos de nivel hidrostáticos con respecto a la densidad de los líquidos. Es inútil intentar medir basándose en la presión hidrostática si la densidad del líquido fuese desconocida, y por lo mismo es inútil medir nivel usando radar si la constante dieléctrica fuese desconocida.

Como con el caso de los instrumentos ultrasónicos de nivel, los instrumentos de nivel basados en radar tiene la capacidad de medir el nivel de sustancias sólidas en tanques (polvos y gránulos). La misma consideración del ángulo de reposo se aplica en el caso de las mediciones con radar. Cuando los sólidos particulados no sean muy densos (mucho aire entre partículas), la constante dieléctrica puede ser muy baja, haciendo que la superficie del material sea más difícil de detectar.

Los instrumentos modernos de nivel basados en radar proporcionan una gran cantidad de información de diagnóstico para ayudar durante la detección de fallos. Una de las más informativas es la curva de eco que muestra cada señal reflejada en el instrumento y el camino de la señal incidente a lo largo del trayecto que sigue la señal. La siguiente imagen es una captura de una pantalla de un computador, en el que corre un software para configurar una transmisor de nivel basado en radar de onda guiada Rosemount modelo 3301 con una sonda coaxial (Fig. 1.49a).

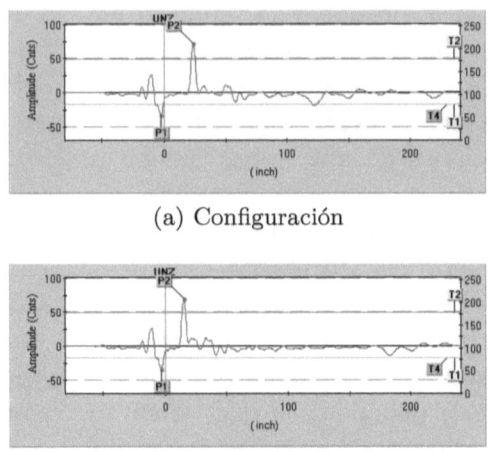

(a) Configuración

(b) Cambio de la ubicación del pulso fiducial para mediciones de nivel de agua mayor

Figura 1.49: Transmisor de nivel Rosemount Modelo 3301

El pulso P1 es la referencia o pulso *fiducial*, que resulta de un cambio en la permitividad dieléctrica entre el cuello extendido de la sonda (que conecta al transmisor con el tubo de sonda) y la sonda coaxial en sí misma. Este pulso marca el extremo superior de la sonda, estableciendo un punto de referencia para mediciones de tipo *ullage*.

La próxima captura de pantalla muestra el mismo transmisor de nivel midiendo un nivel de agua que es 8 pulgadas mayor que antes. Note como el pulso P2 está más a la izquierda (indicando un eco recibido antes en el tiempo), lo cual indica una medición de *ullage* menor (mayor nivel) (Fig. 1.49b).

Algunos ajustes de umbral determinan como el transmisor categoriza cada pulso recibido. El umbral T1 en este instrumento de radar en particular define cuál pulso es la referencia *fiducial*. Así, el primer eco en el tiempo que exceda el valor de umbral T1 es interpretado por el instrumento

## 1.7. ECO

como el punto de referencia. El umbral **T2** define el nivel mayor de producto, así el primer eco en el tiempo que exceda este valor de umbral se interpreta como un punto de la interface vapor/líquido. El umbral **T3** para este transmisor en particular se usa para definir el eco generado por una interface líquido-líquido. Si embargo, el umbral **T3** no aparece en la gráfica de los ecos porque la opción de medición de la interface fue deshabilitada durante el experimento. El último umbral, **T4** define la detección de fin de sonda. Cuando se pone a un valor negativo (al igual que el umbral de referencia **T1**), el umbral **T4** busca el primer pulso en el tiempo que exceda ese valor: este es el pulso que se obtiene cuando la señal llega al extremo de la sonda (al menos así se interpreta).

A lo largo de la curva de eco se pueden ver señales de ecos débiles que resaltan. Estos ecos pueden ser causados por discontinuidades a lo largo de la sonda, como depósitos sólidos, agujeros de ventilación, espaciadores, etc.), o discontinuidades en el líquido de proceso (sólidos suspendidos, emulsiones, etc.) o aún a discontinuidades en los alrededores del tanque de proceso (en el caso de sondas no coaxiales que tienen grados diferentes de sensibilidad hacia los objetos que la rodean). Un desafío al configurar los transmisores de radar es encontrar los valores de umbral que no permitan que los ecos falsos sean interpretados como reales o niveles de interface.

Una forma simple de eliminar ecos cerca del punto de referencia es establecer una zona nula en la que cualquier eco sea ignorado. La zona nula superior (UNZ) en un transmisor de nivel de radar Rosemount 3301 ya ha sido mostrada, en esta, la UNZ fue seteada a cero, lo que significa que podría ser sensible a todos y a cada uno de los ecos que estén cerca del punto de referencia. Si un eco falso que proviniese de una boquilla de un tanque o de alguna otra discontinuidad que esté cerca del punto de entrada de la sonda en el tanque de proceso, hubiese creado un problema de medición, se podría setear la zona nula superior (UNZ) en una posición que esté justamente detrás de ese punto (el de la discontinuidad), de tal forma que el eco falso no sea interpretado como un eco de nivel de líquido, sin importar el valor que tenga el umbral T2. Una zona nula se denomina algunas veces como una distancia de *hold-off*.

Algunos instrumentos de nivel basados en radar permiten que los umbrales sean curvas en lugar de líneas rectas. Así, los umbrales pueden ser seteados en valores altos durante determinados períodos a lo largo del eje horizontal (tiempo/distancia) para que se ignoren los ecos falsos y seteados en valores bajos durante otros períodos para que se puedan capturar señales de ecos legítimas.

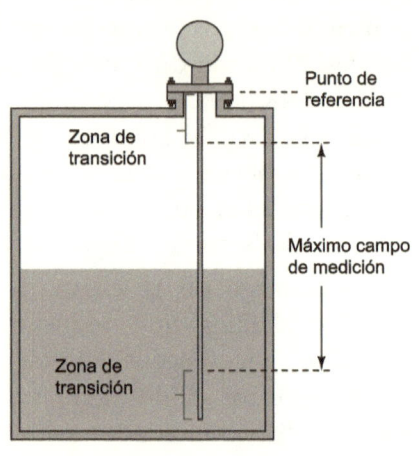

Figura 1.50: Ajuste de la zona de transición en un sensor de radar Rosemount 3301

Sin importar cómo se hayan seteado las zonas nulas y los umbrales para cualquier transmisor de nivel basado en radar, el técnico debe estar al tanto de las zonas de transición cercas de los extremos del largo de la sonda. Las mediciones de nivel de líquido o de niveles de interface dentro de esas zonas puede que no sean precisas o de respuesta lineal. Por eso, se recomienda ajustar el campo del instrumento para que los valores comienzo y terminación del campo (LRV y URV) estén entre las zonas de transición (Fig. 1.50).

El tamaño de las zonas de transición depende tanto de las sustancias de proceso así como del tipo de sonda. El fabricante del instrumento deberá proporcionar los datos apropiados para determinar las dimensiones de las zonas de transición.

## 1.7.3 Mediciones de nivel con Láser

La forma menos común de medición de nivel usando eco es la medición con Láser, la cual utiliza pulsos de luz láser que se hacen reflejar en la superficie de un líquido para detectar el nivel de líquido. Quizás el factor más limitante de las mediciones láser es la necesidad de que haya suficiente superficie reflectante para que la luz de láser pueda generar un eco. Muchos líquidos no son lo suficientemente reflectivos para que la técnica pueda ser usada en forma práctica y la presencia de polvo o de vapores densos en el espacio entre el láser y el líquido hace que se disperse la luz, debilitando la señal de luz y haciendo que el nivel sea más difícil de detectar.

Si embargo, los láseres han sido aplicados con gran éxito en la medición de distancias entre objetos. La aplicación de esta tecnología incluye el control de movimiento de grandes máquinas, donde un láser apunta a un reflector en movimiento, la electrónica del láser calcula la distancia hasta el reflector basado en la cantidad de tiempo que emplea el eco para retornar. La producción en masa de electrónica de precisión ha hecho que esta tecnología sea práctica y abordable para muchas aplicaciones.

## 1.7.4 Mediciones magnetostrictivas de nivel

En un instrumento magnetostrictivo de nivel, el nivel de líquido se sensa con un flotador de poco peso con forma de rosquilla que contiene un imán. Este flotador está centrado alrededor de una varilla larga de metal denominada guía de onda, colgada verticalmente de un tanque de proceso (o colgada verticalmente en una caja protectora parecida a la que se usa en los instrumentos de tipo de desplazamiento) de tal forma que pueda subir y bajar con el nivel del líquido de proceso. El campo magnético originado por el imán del flotador tiene un efecto en la estructura molecular del metal en la guía de onda. Así cuando se envía un pulso de corriente eléctrica a través de la varilla, se genera un pulso de esfuerzo de torsión en la ubicación precisa de la varilla donde el campo magnético del flotador interactúa con el campo magnético circular generado en la varilla. Este esfuerzo de torsión viaja a la velocidad del sonido a través de la varilla hasta llegar a cualquiera de los extremos. En el extremo inferior hay un dispositivo amortiguador que absorbe la onda mecánica.

Se puede pensar que este tipo de instrumento no es un tecnología de eco. A diferencia de los instrumentos láser, de radar y ultrasónicos no se está haciendo reflejar una onda desde una discontinuidad entre materiales. En su lugar, se genera una onda mecánica (un pulso) en la ubicación del flotador magnético en respuesta a un pulso eléctrico. Sin embargo el principio de medir la distancia de propagación de la onda midiendo el tiempo de propagación es el mismo. En el extremo superior de la varilla (encima del nivel del líquido de proceso) hay un sensor y un módulo electrónico que está diseñado para detectar la llegada de una onda mecánica. Un circuito electrónico de precisión mide el tiempo transcurrido entre el pulso de corriente eléctrico (llamado pulso de interrogación) y el pulso mecánico recibido. Mientras que la velocidad del sonido a través de la onda de metal a través de la varilla permanezca fija, la demora de tiempo será una función estricta de la distancia entre el flotador y el sensor, lo que ya se conoce con anterioridad y es llamado *ullage*.

En la siguiente foto (a la izquierda) (Fig. 1.51a) e ilustración (a la derecha) (Fig. 1.51b) se muestra un transmisor de nivel magnetostrictivo apoyado contra un muro e instalado en un tanque de contiene líquido .

El diseño de este tipo de instrumento es una reminiscencia de los transmisores de radar de onda guiada, donde una guía de onda de metal cuelga verticalmente sobre el líquido de proceso, guiando un pulso hacia la cabeza del sensor, donde se colocan los componentes electrónicos. La principal diferencia aquí es que el pulso es una vibración acústica que viaja a través del metal de la guía de onda de varilla, en vez de ser un pulso electromagnético como en el caso del radar. Como con las ondas de sonido, el pulso de torsión en un

## 1.7. ECO

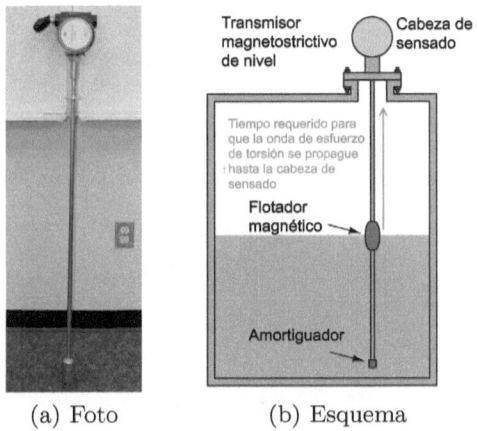

(a) Foto    (b) Esquema

Figura 1.51: Dispositivo magnetostrictivo

transmisor de nivel basado en magnetostricción viaja mucho más lentamente que las ondas electromagnéticas.

También se pueden medir las interfaces líquido-líquido con instrumentos magnetostrictivos. Si la guía de onda estuviese equipada con un flotador de tal densidad que flote en la interface entre los dos líquidos (el flotador es más denso que el líquido más ligero y menos denso que el líquido más pesado), el pulso acústico generado en la guía de onda por la posición del flotador representaría el nivel de la interface. Los instrumentos magnetostrictivos pueden tener dos flotadores: uno para sensar la interface líquido-líquido y el otro para la interface líquido-vapor, de tal forma que pueda medir las dos interfaces y los niveles totales en forma simultánea como si fuese un transmisor de radar de onda guiada (Fig. 1.52).

Con este tipo de instrumento, cada pulso eléctrico de interrogación devuelve dos pulsos acústicos a la cabeza del sensor: el primer pulso representa el nivel total de líquido (flotador superior más ligero) y el segundo pulso representando el nivel de la interface (flotador inferior más pesado). Si el instrumento tiene capacidad de comunicación digital (HART, FOUNDATION FieldBus, Profibus, etc.),

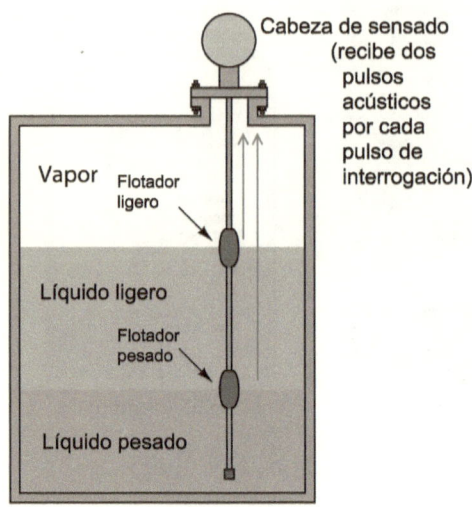

Figura 1.52: Medición de nivel magnetostrictiva con dos flotadores

ambos niveles pueden ser reportados al sistema de control usando el mismo par de cables, lo que lo convertiría en un instrumento multivariable.

Quizás la limitación más importante de los instrumentos de nivel magnetostrictivos sea la fricción entre el flotador y la varilla. Para lograr un buen efecto el imán del flotador debe estar lo suficientemente cerca de la varilla. Esto significa que el flotador debe encajar estrechamente en la varilla a medida que suba o baje a lo largo de la varilla debido a cambios en el nivel de líquido. Existen errores que puede sufrir la varilla debido a la presencia de sólidos suspendidos, precipitados u otros materiales semi-sólidos que puedan hacer que el flotador se atasque y por lo tanto que no responda a cambios en el nivel de líquido.

## 1.8 Peso

Los instrumentos de nivel basados en peso sensan el nivel de proceso en un tanque midiendo directamente el peso del tanque. Si el peso del tanque vacío se conoce, el peso del proceso es un cálculo simple de peso total menos el peso de la tara. Obviamente que los sensores de nivel basados en peso pueden medir materiales sólidos y líquidos y tienen el beneficio de proporcionar mediciones lineales de almacenamiento de masa. Los elementos primarios que se escogen casi siempre para medir el peso de un tanque son las galgas extensométricas (*strain gauges*) unidas a un elemento de módulo (de elasticidad) conocido. A medida que el peso del tanque cambie, las *load cells* se comprimen o se relajan a una escala microscópica, haciendo que la galga extensiométrica cambie sus resistencia. Estos pequeños cambios en la resistencia eléctrica son la indicación del peso del tanque.

La siguiente foto muestra tres envases usados para almacenar leche en polvo, cada uno soportado por pilares equipados con celdas de carga cerca de sus bases (Fig. 1.53a).

Una foto de detalle muestra las unidades de celdas de carga en detalle, cerca de la base de un pilar (Fig. 1.53b).

Cuando se usan muchas celdas de carga para medir el peso de un tanque de almacenamiento, las señales de todas las unidades de células de caga deben ser consideradas en conjunto (se deben sumar) para producir una señal representativa del peso total del tanque. No es suficiente con medir el peso en un solo punto de suspensión, porque uno nunca podrá estar seguro de que el peso del tanque esté igualmente distribuido entre los apoyos.

La siguiente foto muestra la instalación a pequeña escala de una celda de carga que se usa para medir la cantidad de material con que se alimenta a un proceso de fermentación de cerveza (Fig. 1.53c).

Las mediciones basadas en peso se usan frecuentemente cuando se quiere saber la masa verdadera en vez del nivel.

(a) Uso de celdas de carga como sensores de nivel

(b) Foto de un celda de carga

(c) Foto de otro tipo de celda de carga

Figura 1.53: Céldas de carga

Mientras que la densidad del material sea una constante conocida, la relación entre el peso y el nivel en un tanque de área de sección transversal constante será lineal y predecible. No siempre se puede contar con que la densidad sea constante, especialmente en el caso de los materiales sólidos, por lo que el peso basado en la inferencia a partir del nivel de líquido puede ser un problema.

En aplicaciones en las que la masa del lote sea más importante que el nivel (altura), se suele preferir el método de medición basado en peso para dividir los lotes. Esto es típico en las industrias de procesamiento de alimentos (para llenar bolsas y cajas con producto) y también en el caso de transferencia de custodia de ciertos materiales (carbón y minerales *metal ore*).

Un tema importante en el caso de los instrumentos de nivel basados en peso es el aislamiento del tanque contra cualquier esfuerzo mecánico externo generado por tuberías o maquinarias. La siguiente ilustración muestra una instalación

## 1.8. PESO

típica de un sistema de medición basado en peso en el que todas las tuberías que se conectan al tanque lo hacen a través de acoplamientos flexibles y el peso de las tuberías se ejerce sobre una estructura exterior a través de colgadores de tuberías *pipe hangers* (Fig. 1.54).

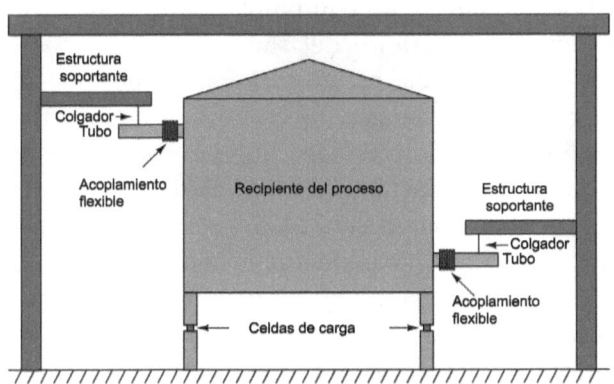

Figura 1.54: Infraestructura de medición de peso

La mitigación del esfuerzo es muy importante porque cualquier fuerza que actúe contra el tanque de almacenamiento será interpretada por las células de carga como más o menos material almacenado en el tanque. La única forma de asegurar que las mediciones de célula de carga sean un indicación directa del material mantenido al interior del tanque es asegurar que no haya otras fuerzas actuando contra el tanque excepto la fuerza gravitacional del peso del material.

Otro problema parecido de las mediciones basadas en peso de lotes es la vibración de las maquinarias que rodean o están en el tanque. La vibración no es otra cosa que aceleración oscilatoria. La aceleración de cualquier masa produce una fuerza de reacción ($F = ma$). Cualquier sacudida vibratoria en un tanque suspendido por elementos de sensado de peso como las células de carga inducirá fuerzas de oscilación en las células de carga. Este hace que sea complicada la instalación y operación de agitadores y de otras maquinarias rotatorias en un tanque al que se le controla el peso.

Un problema interesante asociado con las mediciones de celda de carga en tanques que se pesan, surge cuando una corriente eléctrica atraviesa la celda de carga. Esto no es muy frecuente, pero puede ocurrir cuando un trabajador de mantenimiento conecte un equipamiento de soldadura al arco a la estructura soportante del tanque, o si ciertos equipos eléctricos se montasen en el tanque, como por ejemplos motores y luces que tengan fallas en la toma de tierra. El circuito amplificador electrónico que interpreta la resistencia de una célula de carga detectará la caída de voltaje creada por estas corrientes interpretándolas como cargas en la celda de carga y por lo tanto como cambios en el nivel de material. Corrientes suficientemente grandes pueden incluso causar cambios permanentes a las células de carga como en el caso en que se conecten equipos de arco eléctrico.

Una variación a este tema es la celda hidráulica de carga que consiste en un mecanismo de pistón y cilindro diseñado para traducir el peso del tanque directamente en presión hidráulica. Un transmisor de presión normal puede entonces medir la presión desarrollada por una celda de carga y reportarla a medida que el material se almacena en el tanque. Las celdas hidráulicas de carga supera completamente los problemas eléctricos asociados a las celdas resistivas de carga, pero son más difíciles de poner en red para el cálculo del peso total (se usan varias celdas para medir el peso de un tanque grande).

## 1.9 Instrumentos capacitivos de nivel

Los instrumentos capacitivos de nivel miden la capacidad eléctrica de una varilla insertada verticalmente en un tanque de proceso. A medida que el nivel de proceso suba, la capacidad entre la varilla y las paredes del tanque será la mayor, haciendo que el instrumento emita una señal creciente.

## 1.9. INSTRUMENTOS CAPACITIVOS DE NIVEL

El principio básico en que se basan los instrumentos capacitivos de nivel es la ecuación de capacidad:

$$C = \frac{\varepsilon A}{d}$$

Donde, $C$ = Capacidad epsilon = Permitividad del material dieléctrico (aislante) entre las placas
$A$ = Área de superposición de las placas
$d$ = Distancia de separación entre las placas.

La capacidad existente entre una varilla de metal insertada en un tanque y la paredes de metal del tanque varían con los cambios en la permitividad (epsilon), el área ($A$) o la distancia ($d$). Debido a que $A$ es constante (el área de la superficie interior del tanque es fija, como también lo es el área de la varilla una vez que se instala), solamente los cambios en $\varepsilon$ o $d$ pueden afectar la capacidad de la sonda.

Las sondas capacitivas de nivel vienen en dos variedades básicas: una para líquidos conductores y una para los líquidos no conductores. Si el líquido en el tanque es conductor, no puede ser usado como el medio dieléctrico (aislador) del capacitor. Por lo que las sondas capacitivas de nivel se diseñan para líquidos conductores y están forradas con plástico u otra sustancia dieléctrica de tal forma que la sonda de metal sean una placa del capacitor y el líquido conductor sea la otra (Fig. 1.55a).

En este tipo de sondas capacitivas de nivel, las variables son la permitividad $\varepsilon$ y la distancia ($d$), puesto que un incremento en el nivel de líquido desplazará el gas de baja permitividad y actuará esencialmente como si se acercara eléctricamente la pared del tanque a la sonda. Esto significa que la capacidad total será la mayor cuando el tanque esté lleno: $\varepsilon$ es mayor; y la distancia efectiva estará a un mínimo. Será la menor cuando el tanque esté vacío (la permitividad $\varepsilon$ del gas estará en acción y sobre una distancia mucho mayor).

Si el líquido no fuese conductor, podría ser usado como dieléctrico, con la pared de metal del tanque de almacenamiento formando la segunda placa del capacitor (Fig. 1.55b).

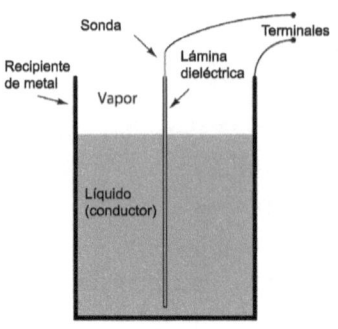
(a) Principio de funcionamiento de una sonda capacitiva

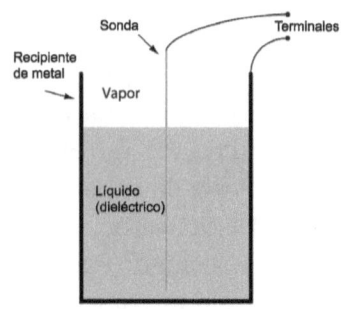
(b) Principio de funcionamiento de un medidor de nivel capacitivo cuando el líquido es no conductor de electricidad

Figura 1.55: Mediciones capacitivas de nivel

En este tipo de sonda de nivel capacitiva, la variable es la permitividad (epsilon) siempre que el líquido tenga una permitividad sustancialmente mayor que la del espacio de vapor encima del líquido. Esto significa que la capacidad total será mayor cuando el tanque esté lleno (la permitividad promedio es $\varepsilon_{mxima}$) y la menor cuando el tanque esté vacío.

La permitividad de una sustancia de proceso es una variable crítica de este tipo de sonda de nivel capacitiva, por lo que se puede tener buena precisión con este tipo de instrumento solamente cuando la permitividad del proceso sea conocida con precisión. Una forma inteligente de asegurar una medición de nivel con buena precisión cuando la permitividad no sea estable con el tiempo, es equipar el instrumento con una sonda especial de compensación (llamada *composition probe*) y ubicarla debajo del punto LRV en el tanque, donde estará siempre sumergida en el líquido. Debido a que la sonda de compensación siempre estará sumergida, sus dimensiones $A$ y $d$ serán constantes y la capacidad será una función pura de la permitividad del líquido (epsilon). Esto le ofrece al instrumento una forma de medir continuamente la permitividad, la cual se usará para calcular el nivel basándose en la capacidad de la sonda principal. La inclusión de una sonda compensadora para medir y compensar los cambios en la permitividad del líquido es equivalente a la inclusión de un tercer transmisor de presión en un sistema especialista (hidrostático) de tanque para compensar la densidad del líquido. Esta es la forma de corregir los cambios en la variable del sistema que no está relacionada con cambios en el nivel de líquido.

Los instrumentos capacitivos de nivel pueden ser usados para medir el nivel de sólidos (polvos y gránulos) además del nivel de los líquidos. En esas aplicaciones la sustancia sólida casi siempre es no conductora, por lo que la permitividad de la sustancia es un factor en la precisión de las mediciones. Esto puede ser un problema, porque las variaciones de contenido de la mezcla de sólido y el tamaño de los granos pueden afectar mucho la permitividad. En todo caso, estos instrumentos no tienen gran precisión debido a la sensibilidad a cambios en la permitividad del proceso y a errores causados por la capacidad parásita en los cables de la sonda.

## 1.10 Radiación

Ciertos tipos de radiaciones nucleares penetran fácilmente los muros de los tanques industriales, pero son atenuados al atravesar los materiales almacenados en esos tanques. Se puede obtener una medición aproximada del nivel de un tanque colocando una fuente radioactiva en un lado del tanque y midiendo la radiación en el otro lado. Otros tipos de radiación son dispersadas por el material de proceso en los tanques, lo que significa que el nivel del material del proceso puede ser sensado enviando la radiación hacia los tanques a través de un muro y midiendo la radiación esparcida de vuelta a través del mismo muro.

Las cuatro formas más comunes de radiación nuclear son las partículas alfa ($\alpha$), las partículas beta ($\beta$), los rayos gamma ($\gamma$) y los neutrones ($n$). Las partículas alfa son núcleos de helio (dos protones unidos a dos neutrones) eyectados a gran velocidad desde los núcleos de ciertos átomos. Son fáciles de detectar pero tienen muy poco poder de penetración y por eso no se usan en aplicaciones industriales de medición de nivel. Las partículas beta son electrones eyectados a una velocidad alta desde los núcleos de ciertos átomos. Al igual que las partículas alfa, tienen poco poder de penetración y por eso no se usan en la medición de nivel industrial. Los rayos gamma son de naturaleza electromagnética (como los rayos X y las ondas de luz) y tienen mayor poder de penetración. La radiación de los neutrones también penetra los metales en forma muy efectiva, pero son muy atenuados por cualquier sustancia que contenga Hidrógeno (agua, hidrocarbonos, y muchos otros fluidos industriales), lo que lo hace casi ideal para detectar la presencia de muchos fluidos de proceso. Estas dos últimas formas de radiación (rayos gamma y neutrones) son las más comunes en las mediciones industriales, los rayos gamma se usan en aplicaciones atravesando tanques y los neutrones se usan típicamente en aplicaciones de dispersión de rebote.

Las fuentes de radiación nuclear están constituidas por muestras radioactivas contenidas en cajas protegidas. La muestra en sí misma es una pequeña pieza de sustancia radioactiva encerrada en una cápsula de acero *Stainless* con doble pared, típicamente se parecen a una cápsula de medicamento en su forma y tamaño. La cantidad y tipo en específico del material emisor de radioactividad depende de la naturaleza y la intensidad de la radiación requerida por la aplicación. La regla básica es que menos es mejor: la fuente más pequeña capaz de realizar tareas de mediciones es la mejor para la aplicación.

Los tipos comunes de fuente de rayos gama son Cesio-137 y Cobalto-60. Los números representan la masa atómica de cada isótopo: la suma total de protones y neutrones en el núcleo de cada átomo. Estos núcleos de isótopos son

## 1.10. RADIACIÓN

inestables y se convierten con el tiempo en otro elementos (Bario-137 y Niquel-60, respectivamente). El Cobalto-60 tiene un tiempo corto de semidesintegración radioactiva *half-life* de 5.3 años y el Cesio-137 tiene un tiempo de semidesintegración radioactiva de 30 años. Esto significa que los sensores basados en radiación que usan Cesio serán más estables en el tiempo (deriva de calibración) que los sensores que emplean Cobalto. En compensación el Cobalto emite rayos gamma más poderosos que el Cesio, lo cual lo hace más apropiado para las aplicaciones donde la radiación debe penetrar tanques de proceso gruesos o viajar largas distancias (a través de tanques de procesos más amplios).

Uno de los métodos más efectivos de protegerse contra la radiación grama es con una sustancia de mucha densidad como plomo u hormigón. Esa es la razón por la que las cajas de fuente de radiación que contienen cápsulas gamma-radioactivas están llenas con Plomo, de tal forma que la radiación se dirija en la dirección adecuada (Fig. 1.56).

Estas fuentes se pueden bloquear para pruebas y mantenimiento moviendo una palanca que permite colocar una puerta de Plomo *shutter* sobre la ventana de la caja. Este disparador *shutter* actúa como un *switch* de encendido/apagado para la fuente radioactiva. La palanca que activa al disparador está provista de seguros para que el personal de mantenimiento

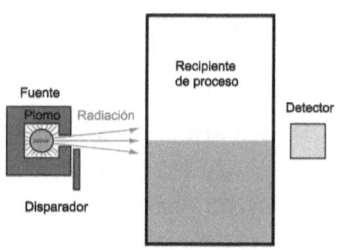

Figura 1.56: Medidor de nivel por radiación

pueda bloquearla y evitar que alguien la encienda durante el mantenimiento. En el caso de aplicaciones con *switch* de nivel, el disparador de fuente actúa como un simulador simple de tanque lleno (en el caso de una instalación de paso a través del tanque) o de un tanque vacío en el caso de una instalación de dispersión de rebote. Un tanque lleno puede ser simulado en el caso de instrumentos de dispersión de neutrones de rebote, colocando una hoja de plástico (u otra sustancia rica en Hidrógeno) entre la caja fuente y la pared del tanque del proceso.

El detector de un instrumento basado en radiación es, por lejos, el componente más complejo y caro del sistema. Existen mucho diseños de detector, dentro de los más comunes están los tubos de ionización como los tubos de Geiger-Muller. En estos dispositivos, un cable de metal fino se coloca al centro de un cilindro de metal sellado y lleno con un gas inerte energizado con alto voltaje DC. Cualquier radiación ionizante alfa, beta o gamma que entre al cilindro hace que las moléculas de gas se ionicen, permitiendo que un pulso eléctrico de corriente viaje entre el cable y la pared del tubo. Un circuito electrónico sensible detecta y cuenta esos pulsos de tal forma que una velocidad mayor de pulso corresponda a una mayor intensidad de radiación detectada.

La radiación de neutrones es mucho más difícil de detectarse en forma electrónica, puesto que los neutrones no son ionizables. Existen tubos de ionización específicamente para la detección de radiación de neutrones y están llenos con sustancias especiales que se sabe que reaccionan con la radiación de neutrones. Un ejemplo de este tipo de detectores es la cámara de fisión, que es una cámara de ionización llena de un material fisionable como el Uranio-235 ($^{235}U$). Cuando un neutrón entra a la cámara y es capturado por el núcleo de fisión, este núcleo se divide en dos partes con la emisión de rayos gamma y de partículas cargadas, las cuales son entonces detectadas por la ionización que producen en la cámara. Otra variación a este tema es llenar un tubo de ionización con gas *Boron Trifluoride*. Cuando el núcleo Boron-10 ($^{10}B$) captura un neutrón, lo transmuta en Litio-7 ($^{7}Li$) y emite una partícula alfa y muchas partículas beta, cualquiera de las dos causa ionización detectable en la cámara.

La precisión de los instrumentos de nivel basados en radiación varía con la estabilidad de la densidad del fluido de proceso, del recubrimiento de la pared del tanque, del

## 1.10. RADIACIÓN

tiempo de semidesintegración radioactiva y de la deriva del detector. Los instrumentos de radiación se usan típicamente donde no es práctico el uso de otros instrumentos. Ejemplo: la medición de nivel de fluidos de proceso tóxicos o altamente corrosivos donde la penetración en el tanque debe ser minimizada y donde los requerimientos de tuberías hacen poco prácticas las mediciones basadas en peso (Ejemplo de esto son los procesos de *alkylation* de separación de hidrocarbonos y ácido en la industria de refinamiento de aceite) como los proceso donde las condiciones internas de los tanques son físicamente muy violentas para que sobreviva cualquier instrumento (Como por ejemplo *delayed coking vessels* en la industria de refinación de aceites, donde el *coke* se saca del tanque con un chorro de agua a alta presión).

www.ingramcontent.com/pod-product-compliance
Lightning Source LLC
Chambersburg PA
CBHW030901180526
45163CB00004B/1658